DORN · BADER

PHYSIK

Arbeitsheft 3
Quanten, Kernphysik, Relativität, Thermodynamik

Gymnasium Sek II

Schroedel

DORN·BADER

PHYSIK
Gymnasium Sek II

Arbeitsheft 3
Quanten, Kernphysik, Relativität, Thermodynamik

Herausgegeben von
Dr. Wolfgang Philipp
Dr. Wolfgang Salm

Bearbeitet von
Prof. Dr. Franz Bader
Dr. Peter Drehmann
Dr. Wolfgang Philipp
Dr. Wolfgang Salm

Druck A[1] / Jahr 2012
Alle Drucke der Serie A sind im Unterricht parallel verwendbar.

Redaktion: Dr. Imke Goertz
Herstellung: Ralf Flunkert
Grafiken und Satz: topset Computersatz, Nürtingen
Typografie und Layout: Jesse Konzept & Text, Hannover
Druck und Bindung: westermann druck GmbH, Braunschweig

ISBN 978-3-507-**10792**-2

Vorwort

Verständnis im Unterricht, Übung zu Hause und Sicherheit im Abitur: Das sind die Ziele des vorliegenden Arbeitsheftes zum *Dorn·Bader Sekundarstufe II*. Die vielfältigen Aufgaben dieses Arbeitsheftes erleichtern Ihnen das **Verständnis physikalischer Sachverhalte** und ermöglichen es Ihnen, mathematische und physikalische Methoden einzuüben. Außerdem fördern sie gezielt die Kompetenzen, die Sie benötigen, um in der gymnasialen Oberstufe erfolgreich im Unterricht mitzuarbeiten und **fit fürs Abitur** zu sein. Direkte **Verweise auf das Lehrbuch** fördern dabei das eigenständige Wiederholen und Erarbeiten.

Die Arbeitshefte zum *Dorn·Bader Sekundarstufe II* sind somit deutlich mehr als eine Aufgabensammlung von typischen Klausuraufgaben (obwohl natürlich auch diese dabei sind): Zahlreiche Aufgaben verlangen keine Rechnungen und Formeln, sondern fragen zuerst nach dem Verständnis, nach Hypothesen, nach Herangehensweisen an Versuche oder nach Bewertungen von Messergebnissen. Auf diese Weise decken die Arbeitshefte zum *Dorn·Bader Sekundarstufe II* **alle im Abitur geforderten Kompetenzbereiche** ab, darunter:

- Einüben der Fachkenntnisse
- Anwenden geeigneter Fachmethoden
- Darstellen von Sachverhalten in angemessener Sprache
- Reflexion und Bewertung von Sachverhalten und Vorgehensweisen

Die Kapitel „Röntgenstrahlen", „Kernphysik" und „Relativitätstheorie" beginnen mit Wiederholungsaufgaben zu Themen der Mittelstufe, dann folgen Aufgaben zum Oberstufenbereich.

Nach dem Motto „Mach es selbst" werden Sie anhand von Aufgaben unterschiedlichen Schwierigkeitsgrades angeregt, Überlegungen und Arbeitsgänge **selbst durchzuführen.** Hierzu ist im Arbeitsheft jeweils ausreichend Platz vorgesehen. So können Sie erkennen, dass Physik weit mehr umfasst als das Einsetzen von Zahlen in vorgegebene Formeln, um andere Zahlen zu berechnen – auch wenn natürlich der Gebrauch mathematischer Gleichungen notwendiger Bestandteil der Physik ist.

Wir wünschen Ihnen viel Freude und Erfolg mit der Physik.

Die Verfasser des Arbeitsheftes

Inhaltsverzeichnis

Wiederholung Röntgenstrahlung

Röntgenstrahlen

Quantenphysik

Atomphysik

Wiederholung Kernphysik

Kernphysik

Wiederholung klassische Bewegungslehre

Spezielle Relativitätstheorie

Thermodynamik

Bildquellenverzeichnis
Titelbild (Wassertropfen) BCI/Jupiterimages, Ottobrunn; 6.1: Dr. Wolfgang Salm, Freiburg; 7.1: Thurid Weigang, Neustadt/Hessen; 8.1: LD Didactic, Hürth; 11.1: Universität Konstanz (unbekannter Künstler); 12.1: Deutsches Museum, München; 19.1: Hama, Monheim; 21.1: Klaus Muthsam, Fuchstal (Dateierstellung mithilfe eines Programms zum Doppelspalt, entwickelt von Klaus Muthsam, Fuchstal, im Rahmen eines Didaktikprojekts in der LMU); 23.1: Picture-Alliance, Frankfurt (Mary Evans Picture Library); 24.1, 29.1-2: Dr. Wolfgang Salm, Freiburg; 31.1: Thinkstock, Sandyford/Dublin 18 (Zedcor Wholly Owned); 33.1: Institut für Experimentelle und Angewandte Physik der Christian-Albrechts-Universität zu Kiel, Kiel; 35.1: Dr. Wolfgang Salm, Freiburg; 36.1: Corbis, Düsseldorf (Bettmann); 37.1-2: Dr. Franz Bader, Ludwigsburg; 41.1: LD Didactic, Hürth; 42.1: Phywe Systeme, Göttingen; 43.1, 45.1-2: Warttmann; 48.1: Phywe Systeme, Göttingen; 51.1: Carl Hanser Verlag, München (H. G. Vogt, H. Schultz: Grundzüge des praktischen Strahlenschutzes, Hanser Verlag 3. Auflage 2004, S. 441); 79.1: Cornelsen Experimenta, Berlin/www.corex.de; 81.1: Agentur Focus, Hamburg (David Parker/SPL); 83.1: Ed Fischer - New Yorker Magazine, New York, USA.

Es war nicht in allen Fällen möglich, die Inhaber der Bildrechte ausfindig zu machen und um Abdruckgenehmigung zu bitten. Berechtigte Ansprüche werden selbstverständlich im Rahmen der üblichen Konditionen abgegolten.

Wir danken dem Institut für Experimentelle und Angewandte Physik der Christian-Albrechts-Universität zu Kiel für die freundliche Zurverfügungstellung von Messdaten.

1 Durchdringende Röntgenstrahlung → S. 212

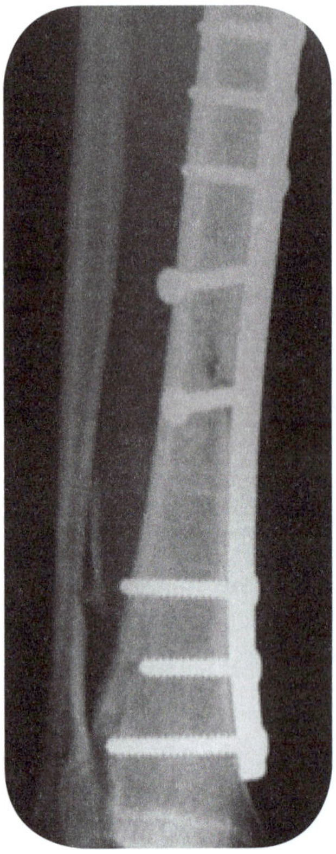

a) Beschreiben Sie, was auf dem Bild dargestellt sein könnte.

b) Erläutern Sie, wie eine Röntgenaufnahme durchgeführt wird und wie die unterschiedlichen Graustufen des Röntgenbilds zustande kommen.

c) Geben Sie an, was sich über die Durchdringungsfähigkeit von Röntgenstrahlung aus dem Bild entnehmen lässt.

2 Prinzip einer Röntgenapparatur → S. 212

Beschriften Sie die Abbildung und erläutern Sie die Funktionsweise der Röntgenapparatur.

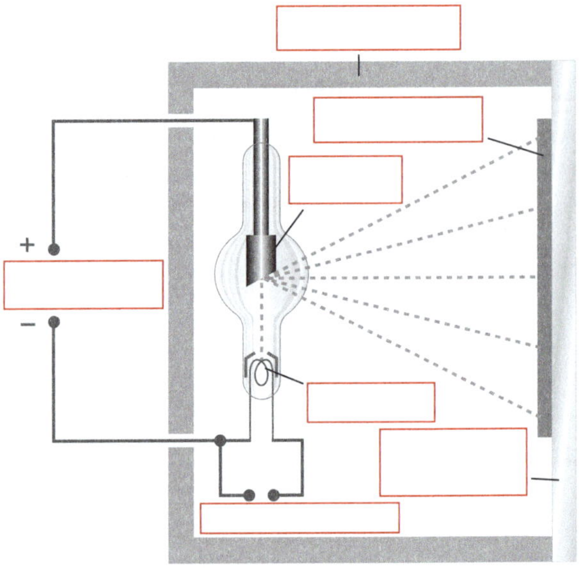

3 Absorption von Röntgenstrahlung – eine komplizierte Formel → S. 212

Bestrahlt man eine ebene Probe der Dichte ρ, die aus Atomkernen mit der Kernladungszahl Z besteht, senkrecht mit Röntgenstrahlung der Wellenlänge λ, so wird die Intensität der Strahlung bei zunehmender Eindringtiefe x immer kleiner. Für die Intensität $I(x)$ der Strahlung am Ort x gilt in vielen Fällen folgendes Gesetz:

$$I(x) = I_0 \cdot e^{-k \cdot Z^4 \lambda^3 \rho \cdot x}.$$

Dabei ist k eine Konstante und I_0 die Intensität bei $x = 0$.

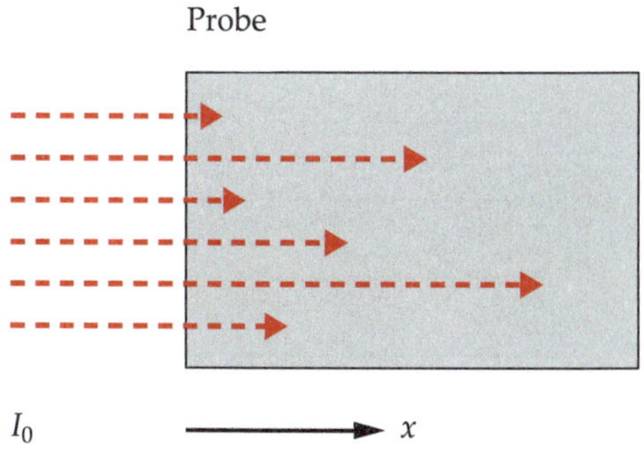

a) Geben Sie drei Je-desto-Beziehungen an, um die Absorption der Röntgenstrahlung qualitativ zu beschreiben.

b) Beim Zahnarzt müssen bei Röntgenaufnahmen vor allem Zähne und Kieferknochen durchleuchtet werden. Beide enthalten Calcium. Erläutern Sie anhand der Formel qualitativ, welchen Wellenlängenbereich die dafür geeignete Röntgenstrahlung besitzen muss.

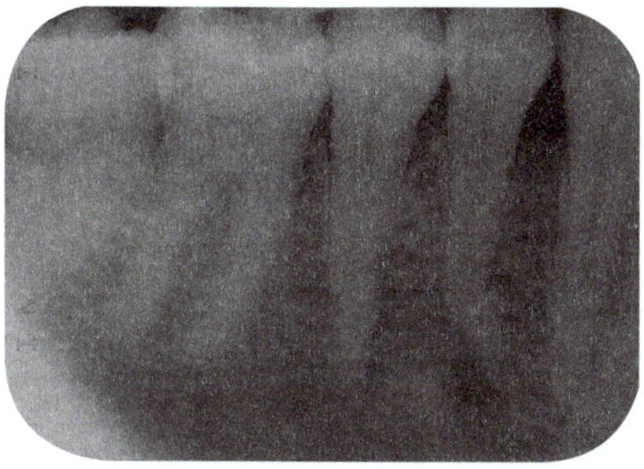

c) Vergleichen Sie anhand der Formel die Schichtdicken D von Blei (Pb: $Z = 82$, $\rho = 11\ \text{g cm}^{-3}$) und von Eisen (Fe: $Z = 26$, $\rho = 7{,}9\ \text{g cm}^{-3}$), nach deren Durchquerung die Hälfte der Röntgenstrahlung absorbiert ist.

4 Besitzen Röntgenstrahlen Welleneigenschaften? → S. 212–214

a) Erläutern Sie, warum der Physiker CONRAD RÖNTGEN die Welleneigenschaften von Röntgenstrahlen noch nicht nachweisen konnte.

____

____

____

____

____

____

b) Stellen Sie anhand der rechtsstehenden Skizze die Idee dar, wie BRAGG Interferenzen bei Röntgenstrahlen nachweisen konnte.

Skizze:

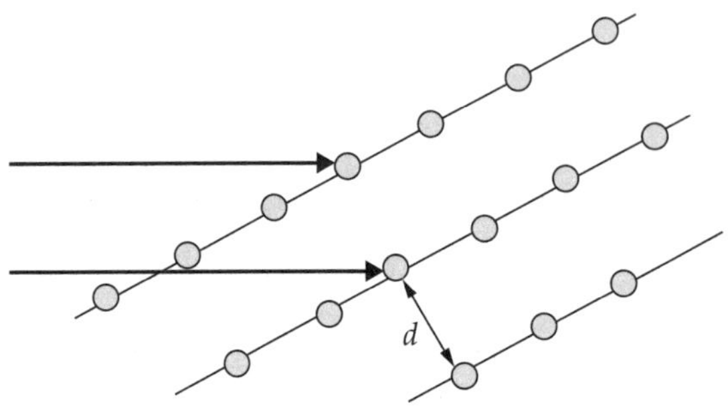

____

____

____

____

____

____

____

c) Erläutern Sie anhand der Abbildung den Aufbau eines Experiments und seine Durchführung, um die Wellenlängen von Röntgenstrahlen zu bestimmen.

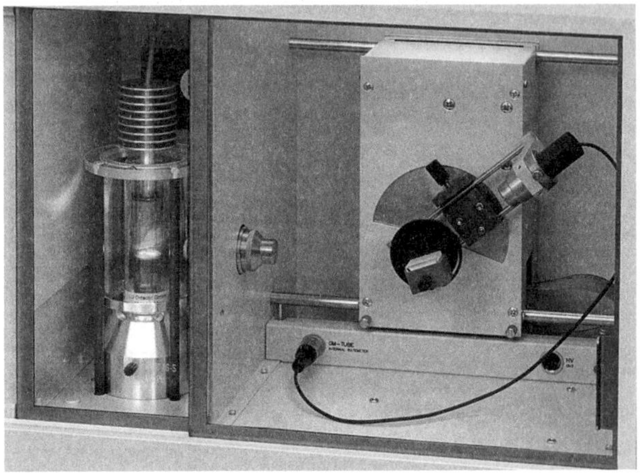

Aufbau: ____

____

____

____

____

____

Durchführung: ____

____

____

____

____

____

5 Untersuchung eines Röntgenspektrums → S. 215

a) Beschreiben Sie qualitativ den Verlauf des Diagramms, das gemäß Aufgabe 4 c) aufgenommen wurde.

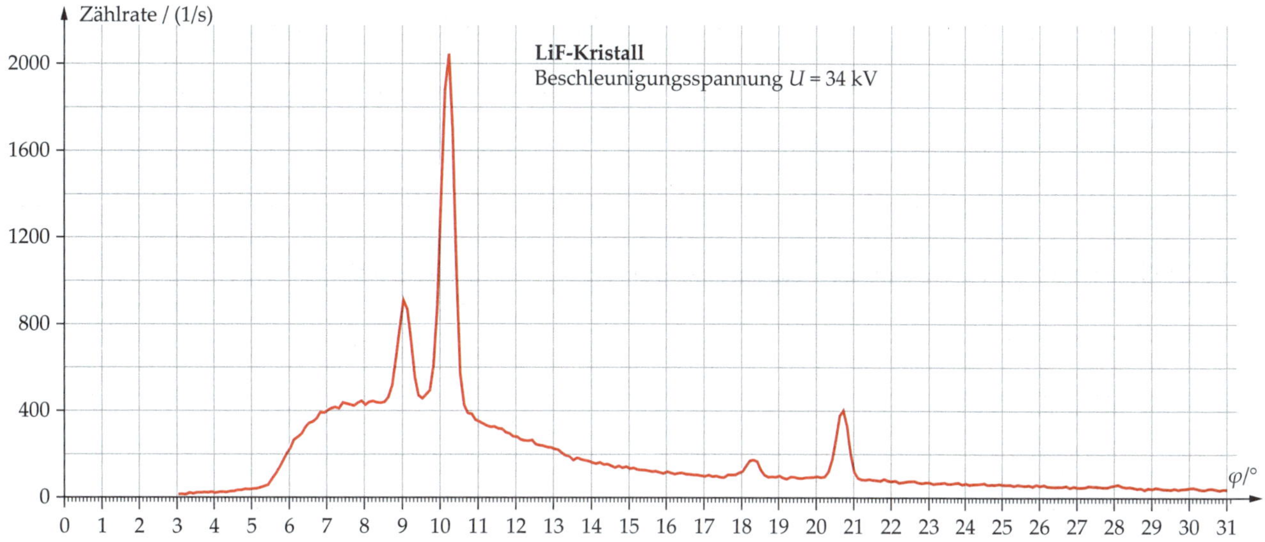

b) Erläutern Sie, wie dieses Röntgenspektrum qualitativ zu interpretieren ist. Vergleichen Sie mit Spektren sichtbaren Lichts.

c) Berechnen Sie die Wellenlängen der beiden charakteristischen Linien in erster und zweiter Ordnung. (Abstand d der Netzebenen beim hier verwendeten LiF-Kristall: $d_{\text{LiF}} = 201$ pm)

6 Versuch zum lichtelektrischen Effekt von HALLWACHS → S. 266

Im Jahr 1888 untersuchte W. HALLWACHS die Einwirkung von Licht auf eine aufgeladene Zinkplatte.

a) Formulieren Sie mögliche Fragen, die durch diesen Versuch geklärt werden können.

b) Stellen Sie mögliche Hypothesen zu den unter a) formulierten Fragen auf.

c) Skizzieren Sie einen möglichen Versuchsaufbau und beschriften Sie ihn.

Skizze:

d) Beschreiben Sie eine mögliche Durchführung des Experiments.

e) Tragen Sie das Ergebnis einer Versuchsreihe in die Tabelle ein.

Die negativ geladene Platte wird entladen

Intensität / Strahlung	gering	hoch
Glühlampe		
UV-Licht		

Die positiv geladene Platte wird entladen

Intensität / Strahlung	gering	hoch
Glühlampe		
UV-Licht		

f) Beschreiben Sie mithilfe physikalischer Begriffe, wodurch sich sichtbares Licht von UV-Licht sowie Licht hoher Intensität von Licht geringer Intensität unterscheidet.

g) Geben Sie die Formel für die Energiedichte des elektrischen Feldes im Vakuum an. Erläutern Sie, ob sich das Versuchsergebnis mithilfe dieser Formel erklären lässt.

7 Eine anschauliche Analogie zum Fotoeffekt → S. 268

Erarbeiten Sie Analogien zwischen den Vorgängen in einer Vakuum-Fotozelle bei der Bestrahlung mit Licht und der dargestellten Szene. Legen Sie die Grenzen der Analogien dar. Erläutern Sie, ob in der Zeichnung alle Aspekte richtig darstellt werden.

8 Wie Albert Einstein sich ausdrückte → S. 268

Am 18. März 1905 veröffentlichte Albert Einstein in einer physikalischen Fachzeitschrift einen Artikel mit der Überschrift „Über einen die Erzeugung und Verwandlung des Lichtes betreffenden heuristischen Gesichtspunkt". In der Einleitung schreibt er:
„ … Es scheint mir nun in der Tat, dass diese und andere Erscheinungsgruppen besser verständlich erscheinen unter der Annahme, dass die Energie des Lichtes diskontinuierlich im Raume verteilt sei. Nach der hier ins Auge zu fassenden Annahme ist bei der Ausbreitung eines von einem Punkte ausgehenden Lichtstrahls die Energie nicht kontinuierlich auf größer und größer werdende Räume verteilt, sondern es besteht dieselbe aus einer endlichen Zahl von in Raumpunkten lokalisierten Energiequanten, welche sich bewegen, ohne sich zu teilen und nur als Ganzes absorbiert und erzeugt werden können."
(Anmerkung: Zum Zeitpunkt dieser Veröffentlichung war die Unbestimmtheitsrelation (UBR) noch nicht bekannt.)

a) Geben Sie das Zitat mit eigenen Worten wieder.

b) Erläutern Sie anhand einer Skizze die Grundgedanken eines Versuchs, zum Testen diese Hypothese.

Skizze:

c) Geben Sie das Ergebnis des entsprechenden Versuchs an und bewerten Sie es.

9 Fotoelektronen im Vergleich → S. 266, 267

Wie hängt die Energie von Fotoelektronen von der Farbe des eingestrahlten Lichts ab? Um das zu untersuchen, bestrahlt man eine dünne Schicht AgCsO in einer Vakuum-Fotozelle nacheinander mit gelbem, grünem, blauen und violetten Licht einer Hg-Lampe. An die Fotozelle ist ein hochohmiger Spannungsmesser angeschlossen; man misst jeweils die Spannung U_{max}.

a) Stellen Sie in einem Diagramm mit geeignetem Maßstab die Abhängigkeit der maximalen Energie W_{max} der Fotoelektronen von der Frequenz f des eingestrahlten Lichts dar.

Art des Lichts	Spannung U_{max}/V	Frequenz f / 10^{14} Hz	Maximale Energie der Fotoelektronen W_{max}/J
Gelbes Licht	1,1		
Grünes Licht	1,2		
Blaues Licht	1,8		
Violettes Licht	2,0		

b) Stellen Sie den experimentell gefundenen Zusammenhang zwischen W_{max} und f mithilfe einer Gleichung dar und tragen Sie den zugehörigen Graphen in das Diagramm ein.

c) Geben Sie die physikalische Bedeutung der Kenngrößen der Funktionsgleichung $W_{max}(f)$ an.

d) Berechnen Sie die Planck-Konstante h.

e) Der Graph der Funktionsgleichung $W_{max}(f)$ besitzt eine Nullstelle. Erläutern Sie die physikalische Bedeutung dieser Nullstelle und geben Sie den Wert an.

10 Fotoelektronen im elektrischen Gegenfeld ➔ S. 268

Im folgenden Experiment wird die Energie von Fotoelektronen mittels eines vorgegebenen, veränderbaren elektrischen Gegenfeldes bestimmt, wobei die Intensität und Frequenz des Lichts verändert werden können.
In einer Vakuum-Fotozelle fällt Licht einer bestimmten Frequenz f auf ein geeignetes Metall M. M ist mit dem positiven Pol, der Ring R mit dem negativen Pol einer regelbaren Spannungsquelle U verbunden.
Der Fotostrom I_F wird registriert.

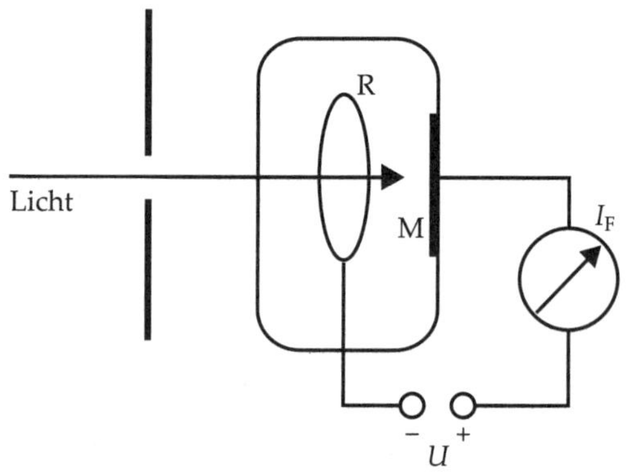

a) Erläutern Sie, wie man mit diesem Versuchsaufbau die maximale kinetische Energie W_{max} der Fotoelektronen bei einer bestimmten Lichtfrequenz f bestimmen kann.

b) Jemand schlägt vor, als Metall M (Kathodenmaterial) Zink zu verwenden. Prüfen Sie diesen Vorschlag und begründen Sie ihre Antwort.

c) Nun wird Cäsium als Metall verwendet. Dann werden zunächst die Intensität und anschließend die Frequenz des einfallenden Lichts vergrößert. Beschreiben Sie, wie sich jeweils die maximale kinetische Energie der ausgelösten Fotoelektronen verändert.

d) Erläutern Sie, inwiefern sich aus den Ergebnissen von Teil c) ein Widerspruch zum Wellenmodell des Lichts ergibt.

e) Erläutern Sie die Lichtquantenhypothese von A. Einstein und deuten Sie damit die Versuchsergebnisse.

11 Versuche zum Fotoeffekt im Vergleich → S. 266–268

Zur Untersuchung des Fotoeffekts stehen zwei mögliche Versuchsaufbauten zur Auswahl:

Versuch 1

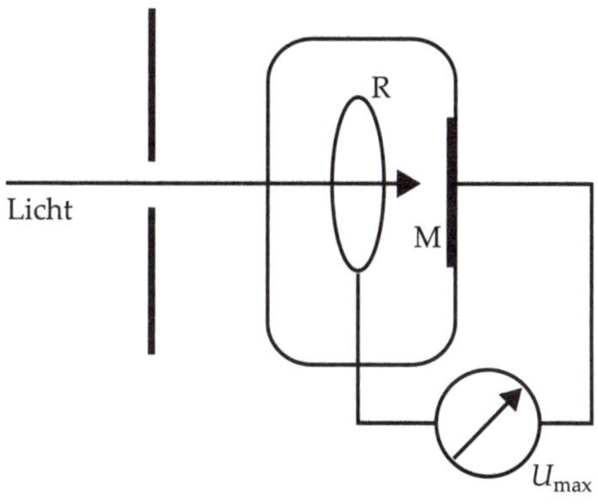

Versuch 2

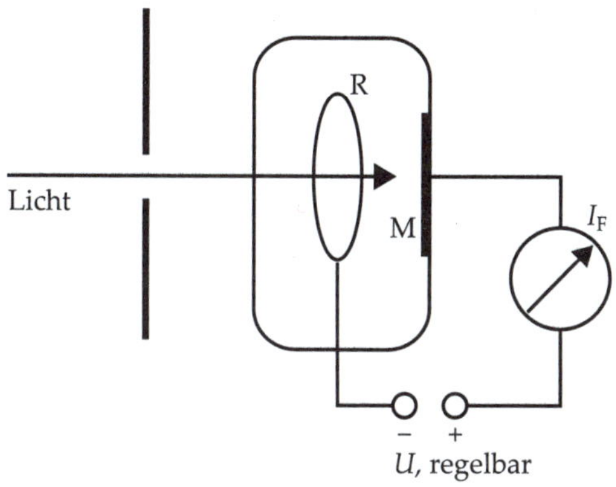

Erörtern Sie Vorzüge und Nachteile beider Versuchsaufbauten und der dabei möglichen Messungen.

Prinzip der Messung	
Genauigkeit der Messergebnisse	
Ertrag der Messungen	

12 Bewegungsenergie von Elektronen und Kenngrößen von Lichtquanten → S. 222, 270

Ein Elektron, das aus der Ruhe die Spannung U durchlaufen hat, wird vollständig abgebremst und erzeugt vereinfachend betrachtet ein Lichtquant der Energie W, der Frequenz f und der Wellenlänge λ. Ergänzen Sie die Werte in der Tabelle.

U/V	W/J	f/Hz	λ/m	Art der Strahlung
			$3{,}2 \cdot 10^{-4}$	
2,0				
		$7{,}2 \cdot 10^{18}$		

13 Bestimmung der Planck-Konstanten *h* bei Röntgenstrahlen → S. 270

a) Erläutern Sie die Strategie, wie mithilfe eines Röntgenspektrums die Planck-Konstante h bestimmt werden kann.

b) Skizzieren und erläutern Sie einen Versuchsaufbau zur Bestimmung von h.

Skizze:

c) Die drei Röntgenspektren wurden mit unterschiedlichen Beschleunigungsspannungen mithilfe eines LiF-Kristalls (Netzebenabstand $d = 201 \cdot 10^{-12}$ m) aufgenommen. Dargestellt ist jeweils die Zählrate als Maß für die Intensität der Strahlung in Abhängigkeit vom Glanzwinkel φ.

Man beobachtet hierbei auch das Phänomen der Untergrundstrahlung. Erörtern Sie, wie dies bei der Auswertung zu berücksichtigen ist.

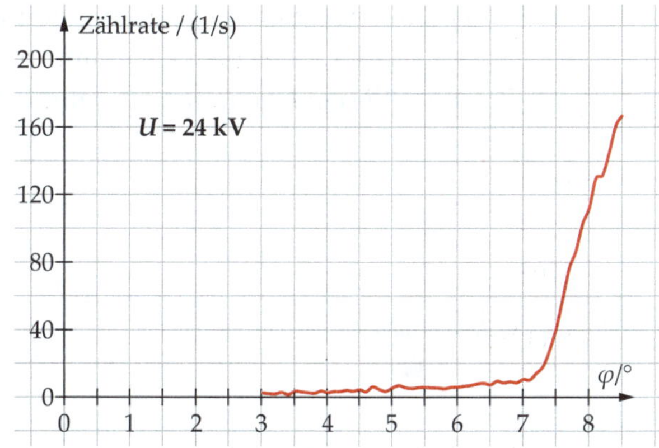

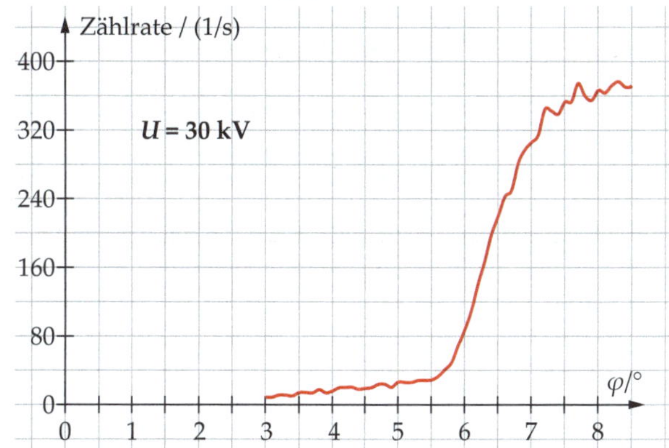

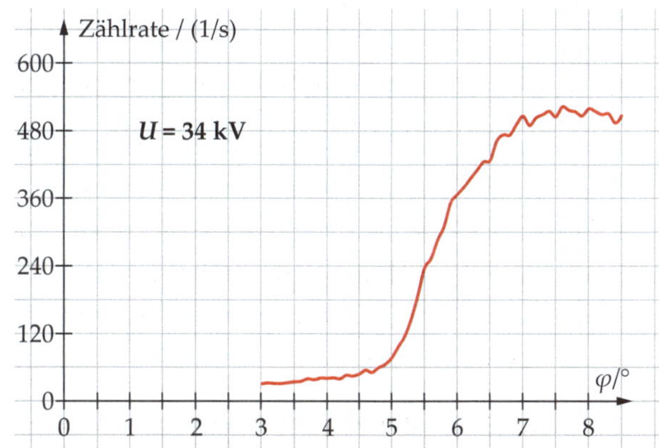

d) Ermitteln Sie aus den Diagrammen jeweils den Winkel φ_{min}, bei dem die Intensität der Röntgenstrahlung null wird. Berechnen Sie die Wellenlänge λ_{min} und die Frequenz f_{max} der Röntgenstrahlung.

U/kV	φ_{min}	λ_{min}/pm	$f_{max}/10^{18}$ Hz
24			
30			
34			

e) Berechnen Sie für die drei Beschleunigungsspannungen U aus Teil c) einen Wert für h. Ermitteln Sie den Mittelwert.

U/kV	$W/10^{15}$ J	$f_{max}/10^{18}$ Hz	$h/10^{-34}$ Js
24			
30			
34			

f) Die Beschleunigungsspannung U ist mit geringfügigen Fehlern ablesbar, der Winkel φ_{min} mit einer Genauigkeit von $\pm 0{,}2°$ aus dem Diagramm abzulesen. Ermitteln Sie die daraus folgende Genauigkeit für h. Zeichnen Sie ein Diagramm $h(U)$ mit Fehlerbalken.

U	24 kV		30 kV		34 kV	
φ_{min}						
$h/10^{-34}$ Js						

14 Masse und Impuls von Lichtquanten ➔ S. 272

a) Albert Einstein schreibt in den „Annalen der Physik", Band 35 im Jahr 1911:

„Die Frage, ob die Ausbreitung des Lichtes durch die Schwere beeinflusst wird, habe ich schon in einer vor drei Jahren erschienenen Abhandlung zu beantworten gesucht. Ich komme auf dieses Thema wieder zurück, weil mich meine damalige Darstellung des Gegenstandes nicht befriedigt, noch mehr aber, weil ich nun nachträglich einsehe, dass eine der wichtigsten Konsequenzen jener Betrachtung der experimentellen Prüfung zugänglich ist. Es ergibt sich nämlich, dass Lichtstrahlen, die in der Nähe der Sonne vorbeigehen, durch das Gravitationsfeld derselben eine Ablenkung erfahren …"

Erläutern Sie anhand der Skizze, wie man diese Ablenkung des Lichts von Sternen durch die Sonne bei einer totalen Sonnenfinsternis beobachten könnte.

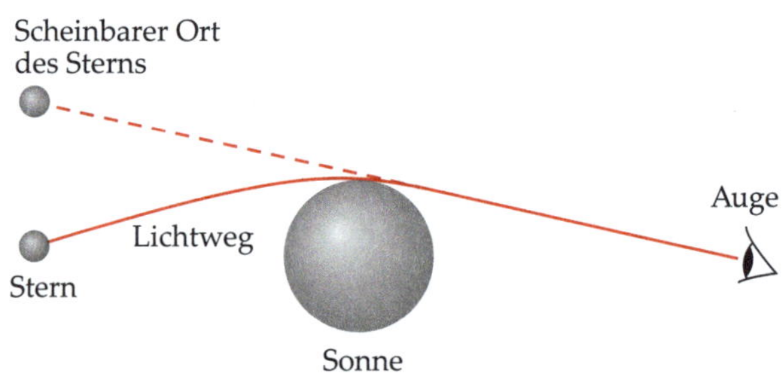

b) Erläutern Sie, warum die Tatsache der Ablenkung von Licht im Schwerefeld der Sonne darauf hindeutet, dass Lichtquanten eine Masse besitzen.

c) Erläutern Sie, welche Himmelserscheinungen die Hypothese unterstützen, dass Lichtquanten Impuls besitzen.

d) Berechnen Sie die Masse und den Impuls, den – für uns sichtbare – „grüne" Lichtquanten besitzen.

15 Lichtquanten eines Laserpointers → S. 272

Ein Laserpointer gibt Licht der Wellenlänge 632 nm ab mit einer Leistung von 0,10 mW.

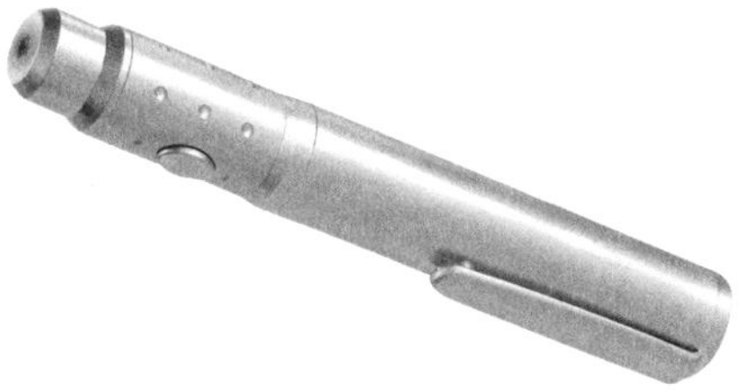

Berechnen Sie die Anzahl der Photonen, die pro Sekunde vom Laser durchschnittlich ausgesandt werden.

16 Ein massereiches Photon → S. 272

Ein Photon besitze dieselbe Masse wie ein ruhendes Elektron.
Berechnen Sie die Energie W, auch in der Einheit MeV, den Impuls p und die Wellenlänge λ des Photons.

17 Kann ein freies Elektron ein Photon übernehmen? → S. 272

Folgender Vorgang soll untersucht werden: Ein Photon der Wellenlänge $\lambda = 500$ nm treffe auf ein freies, ruhendes Elektron, übertrage auf dieses seine Energie und seinen Impuls und werde dabei vernichtet.

a) Erstellen Sie die Energiebilanz und berechnen Sie die Geschwindigkeit v_1, mit der das Elektron wegfliegen sollte.

b) Prüfen Sie, ob der Impulssatz erfüllbar ist.

c) Bewerten Sie das Ergebnis.

d) Beschreiben Sie – auch anhand einer Skizze – einen Vorgang, bei dem ein Photon auf ein freies, ruhendes Elektron trifft, sodass der Energiesatz und der Impulssatz erfüllbar sind.

Skizze:

18 Rechtwinklige Streuung von Röntgenstrahlen ➔ S. 273, 363

COMPTON wies nach, dass gestreute γ-Quanten weniger Energie besitzen als die eintreffenden γ-Quanten. Ändern sich auch bei der rechtwinkligen Streuung von Röntgenstrahlen die Energie und die Wellenlänge der Photonen? Um dies zu prüfen, werden in zwei aufeinander folgenden Versuchen Photonen einer Röntgenquelle an einem Aluminiumblock rechtwinklig gestreut und mithilfe eines Zählrohrs jeweils 100 s lang gezählt. Im ersten Versuch wird ein dünnes Absorberblech zwischen Quelle und Aluminiumblock in Position a), beim zweiten Versuch in Position b) zwischen Aluminiumblock und Zählrohr angebracht.

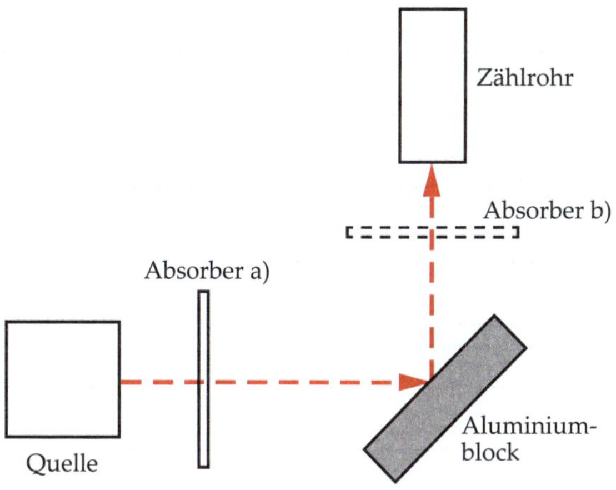

a) Erläutern Sie, warum man durch diese beiden Versuche Aussagen über eine Änderung der Energie und der Wellenlänge der gestreuten Photonen machen kann. Legen Sie dar, was man bezüglich der Zählrate erwartet, wenn die gestreuten Photonen eine größere Wellenlänge besitzen.

b) Versuche beim Experiment in a) ergaben für die Position a) des Absorbers die Impulszahl $k_a = 2356$, bei Position b) die Impulszahl $k_b = 2248$. Beurteilen Sie, ob diese unterschiedlichen Impulszahlen als zufällig zu betrachten sind.

19 Photonen – einzeln registriert ➔ S. 274

a) Beschreiben Sie anhand einer Skizze den Aufbau und die Durchführung eines Versuchs, der die unten dargestellte Bilderfolge ergibt.

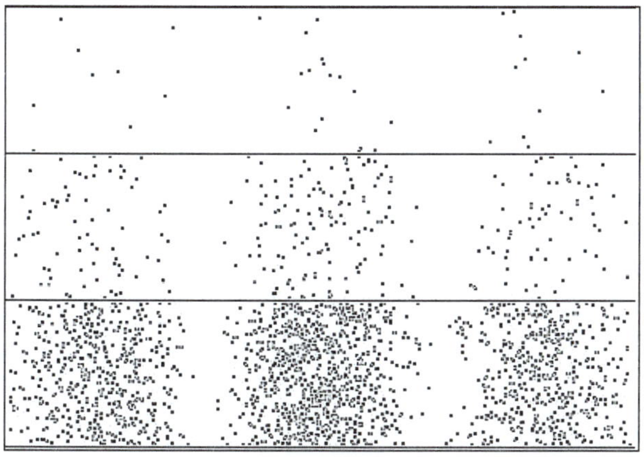

Skizze:

b) Erklären Sie die Versuchsergebnisse.

20 Kann man Photonen Flugbahnen zuordnen? → S. 275

In einem zunächst plausibel erscheinenden, möglichen Ansatz zur Beschreibung des Verhaltens von Photonen geht man davon aus, dass die Photonen sich auf Flugbahnen bewegen, wie z. B. gesprühte Farbtröpfchen, die prinzipiell definiert und berechenbar sind, aber bei konkreten Experimenten nicht bekannt sind, da sie durch unkontrollierbare Störungen beeinflusst werden.

1. Skizzieren und erläutern Sie die nach diesem Ansatz zu erwartenden Intensitätsverteilungen des Lichts beim Durchgang durch einen Doppelspalt, wenn jeweils nur ein Spalt bzw. beide Spalte geöffnet sind.

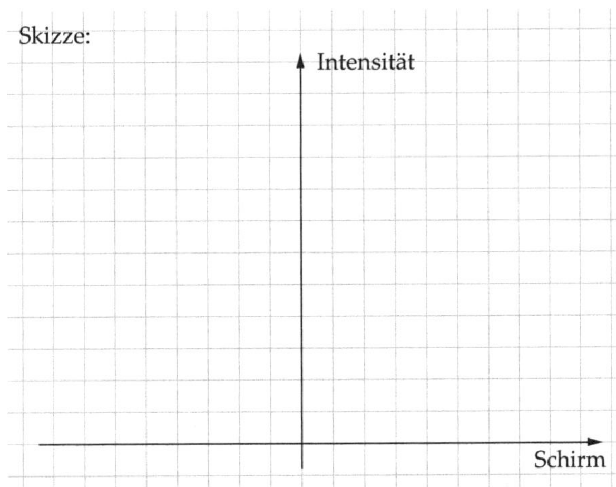

2. Begründen Sie anhand eines tatsächlichen Intensitätsdiagramms, warum dieser Ansatz zur Deutung des Doppelspaltexperiments verworfen werden muss.

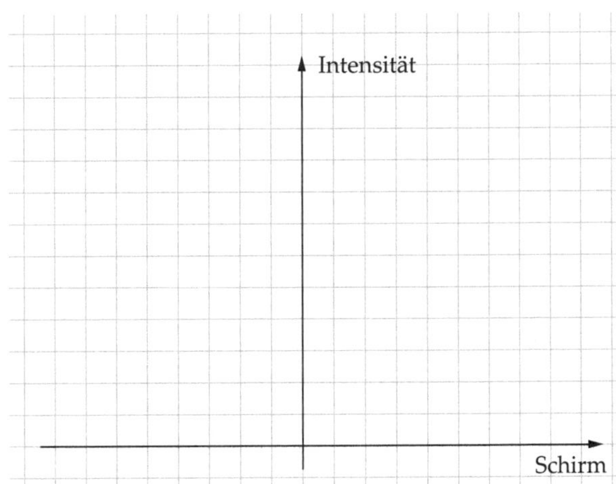

21 Feynman hat das Wort → S. 190, 275

Der Physiker R. P. Feynman erläutert das Zeigermodell der Quantenphysik mit folgenden Worten:

1. Oberster Grundsatz: Die Wahrscheinlichkeit des Eintritts eines Ereignisses ist gleich dem Quadrat der Länge eines Pfeils mit der hochtrabenden Bezeichnung „Wahrscheinlichkeitsamplitude". Zum Beispiel stellt ein Pfeil von der Länge 0,4 eine Wahrscheinlichkeit von 0,16 oder 16 % dar.

2. Allgemeine Regel für den Fall, dass ein Ereignis auf verschiedene Weise eintreten kann: Für jede Möglichkeit wird ein Pfeil gezeichnet, und diese Pfeile werden dann miteinander kombiniert, indem die Spitze des einen an das Ende des folgenden angehängt wird. Zum Schluss wird der Anfang des ersten Pfeils mit der Spitze des letzten verbunden. Damit erhalten wir den sogenannten resultierenden Pfeil, dessen Quadrat die Wahrscheinlichkeit des gesamten Ereignisses angibt.

Formulieren Sie, auch anhand einer Skizze, diese Regeln mit eigenen Worten.

Skizze:

22 Zeiger bestimmen, wie häufig man Elektronen antrifft → S. 281

Auf einen Doppelspalt treffen senkrecht Elektronen mit jeweils gleichem Impuls $\vec{p}$. Hinter dem Doppelspalt werden auf einem Schirm die Orte registriert, an dem man Elektronen antrifft. Ermitteln Sie schematisch anhand der maßstäblichen Skizze mithilfe von Zeigern die relative Häufigkeit H des Auftreffens der Elektronen an den drei markierten Stellen des Schirms.

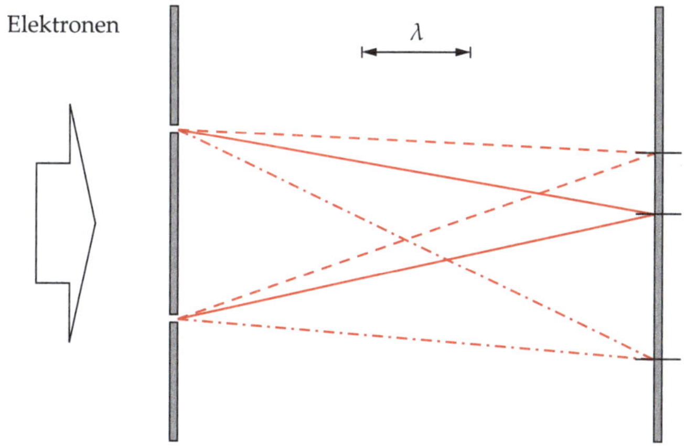

Antreffort unten: ______________________________

____

____

Antreffort Mitte: ______________________________

____

____

Antreffort oben: ______________________________

____

____

23 Elektronenbeugung → S. 280, 281

a) Erläutern Sie das Argument, das DE BROGLIE dazu führte, Elektronen eine Wellenlänge (DE BROGLIE-Wellenlänge genannt) zuzuschreiben.

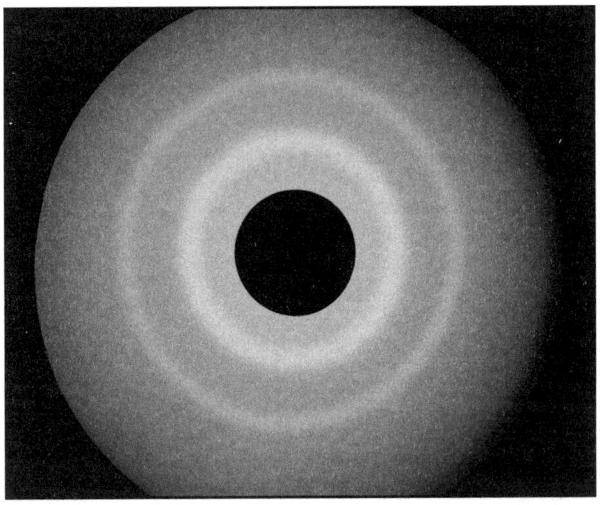

____

____

____

____

____

____

____

b) Elektronen werden mit der Spannung $U = 3{,}0$ kV beschleunigt. Berechnen Sie die Wellenlänge λ_B, die man ihnen nach DE BROGLIE zuordnet.

____

____

____

____

c) Das Foto zeigt maßstäblich zwei DEBYE-SCHERRER-Ringe, wie sie auf dem Fluoreszenzschirm einer luftleeren Elektronenbeugungsröhre zu beobachten sind, wenn die mit $U = 3{,}0$ kV beschleunigten Elektronen eine dünne Schicht polykristallinen Graphits durchsetzen. Skizzieren Sie den Aufbau der Elektronenbeugungsröhre und erläutern Sie das Zustandekommen dieser Ringe.

Skizze:

d) Die Abstände der Netzebenen im Graphitgitter betragen $d_a = 123$ pm und $d_b = 213$ pm. Die kugelförmige Elektronenröhre besitzt einen Radius von $l = 13{,}5$ cm. Entnehmen Sie der Abbildung die Radien der Beugungsringe und berechnen Sie damit die DE BROGLIE-Wellenlänge λ_B für beide Beugungsringe.

e) Diskutieren Sie, ob das Ergebnis bei d) die Hypothese von DE BROGLIE stützt.

24 Interferenz von DE BROGLIE-Wellen sichtbar gemacht ➔ S. 282

Sind DE BROGLIE-Wellen nur Hirngespinste theoretischer Physiker oder lassen sie sich auch experimentell nachweisen? Um dieser Frage nachzugehen, ließ W. KETTERLE bei extrem tiefen Temperaturen zwei „Wolken" aus Natrium-Ionen gegeneinander laufen und beobachtete den mithilfe einer Lampe erzeugten Schattenwurf der Na^+-Ionen auf einem Schirm. Er nutzte dabei aus, dass diese Ionen sich wie in einem „Kollektiv" mit einheitlicher Geschwindigkeit bewegen. Das Diagramm bei b) zeigt die Absorption des Lichts der Lampe durch die Na^+-Ionen längs einer zur Bewegungsrichtung der Ionen parallelen Geraden, die in den Ionenwolken verläuft.

a) Beschreiben und erläutern Sie das Ergebnis dieses Versuchs.

a)

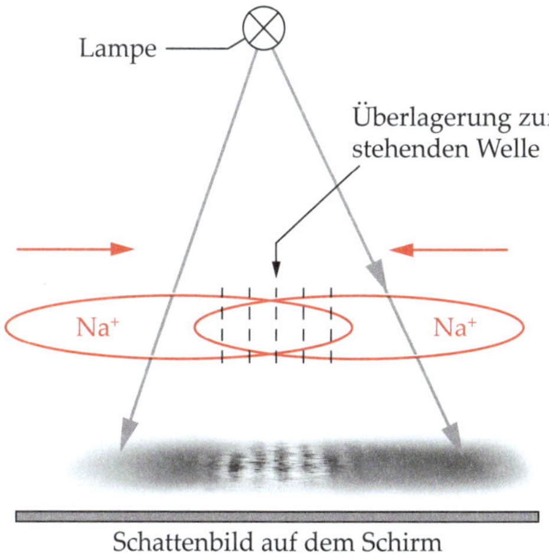

b)

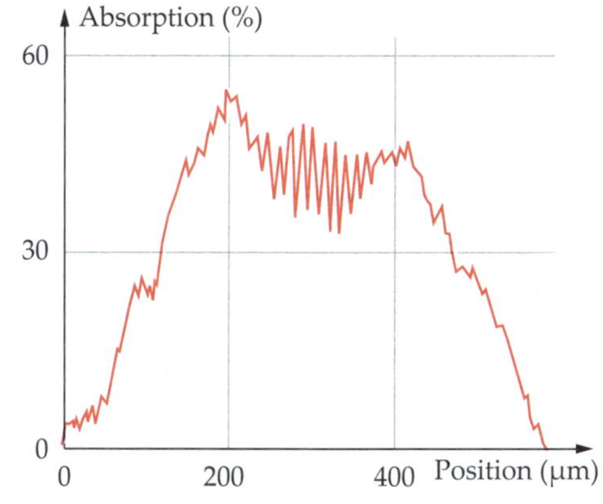

b) Berechnen Sie die de Broglie-Wellenlänge λ_B der Na^+-Ionen und vergleichen Sie diese Wellenlänge mit der aus dem Absorptionsdiagramm ermittelten. ($m_{Na} = 3{,}8 \cdot 10^{-26}$ kg, $v = 6{,}0 \cdot 10^{-4}$ m s^{-1}).

c) Erläutern Sie anhand des Zeigermodells mithilfe einer Skizze, warum außerhalb des Überlappungsbereichs keine Dichteschwankungen der Na^+-Ionen zu erwarten sind.

Skizze:

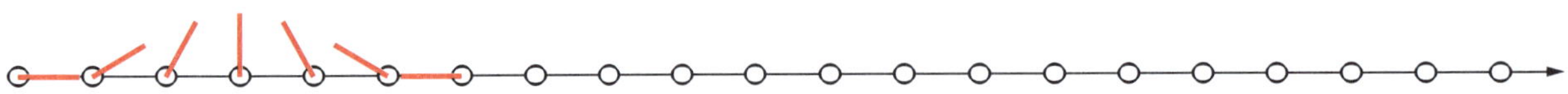

d) Wie kann es sein, dass beim Aufeinandertreffen zweier gegenläufiger, räumlich kontinuierlich verteilter Teilchenwolken Bereiche auftreten, in denen keine Teilchen sind? Begründen Sie diesen Sachverhalt mithilfe des Zeigermodells.

Skizze:

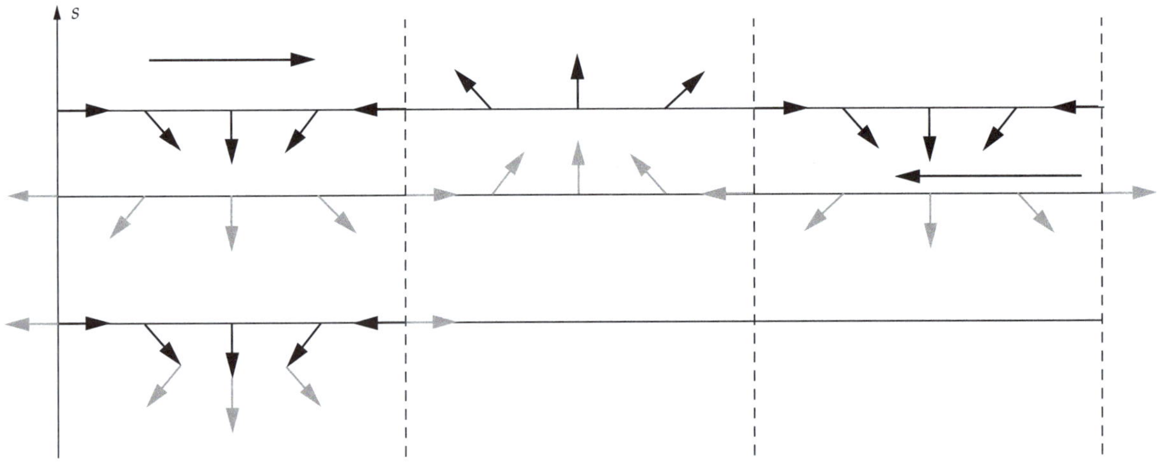

25 Zeiger bei elektromagnetischen Wellen und bei Photonen ➔ S. 174, 283

Vergleichen Sie das Zeigermodell bei elektromagnetischen Wellen und bei Photonen.

	Elektromagnetische Wellen	Photonen
Die Zeigerlänge		
Das Quadrat der Zeigerlänge		
Die Rotationsfrequenz		
Die Zeigerrichtung		
Der Abstand periodisch angeordneter paralleler Zeiger		
Die Zeigeraddition		

26 Elektronen treffen auf einen Doppelspalt ➔ S. 181, 274, 281, 283

Hinweis: So könnte eine Abituraufgabe aussehen.

Mithilfe eines geeigneten Experiments soll die Interferenz bei Elektronen demonstriert werden. Dazu schießt man Elektronen mit der Geschwindigkeit $v = 1{,}00 \cdot 10^5$ m/s auf einen Doppelspalt mit dem Spaltmittenabstand $b = 50$ µm. Dahinter werden sie in einem Abstand von $a = 50$ cm auf einem parallel zum Doppelspalt angeordneten Schirm in geeigneter Weise registriert.

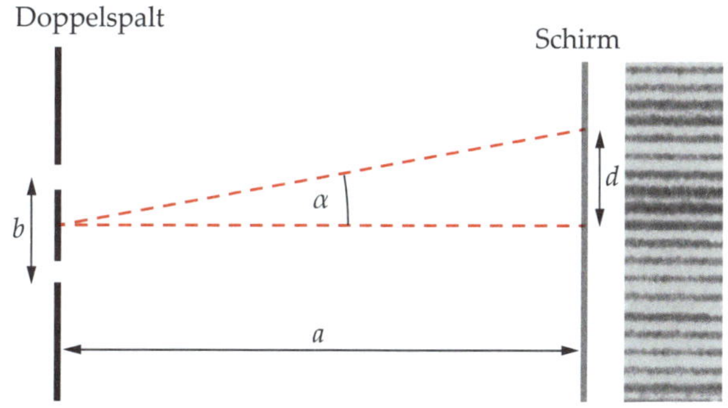

a) Berechnen Sie die de Broglie-Wellenlänge der Elektronen.

b) Prüfen Sie, ob diese Apparatur geeignet ist, Interferenzeffekte der Elektronen mit bloßem Auge zu demonstrieren und die DE BROGLIE-Wellenlänge λ zu messen.

c) Erläutern Sie mögliche Änderungen am Experiment, sodass die Interferenz wie im Bild beobachtbar wird.

d) Die Intensität des Elektronenstrahls bei der verbesserten Apparatur sei nun sehr gering. Beschreiben Sie die zu erwartenden Beobachtungen auf dem Schirm in Abhängigkeit von der Zeit der Einwirkung.

e) Erläutern Sie Schwierigkeiten und Lösungsideen, um die Interferenz der Elektronen zu erklären.

27 Unbestimmtheitsrelation auf dem Prüfstand → S. 206, 285

a) Geben Sie die heisenbergsche Unbestimmtheitsrelation in Worten und als Formel an.

b) Die Unbestimmtheitsrelation kann mit dem dargestellten Versuchsaufbau überprüft werden. Erläutern Sie den Aufbau und die Durchführung.

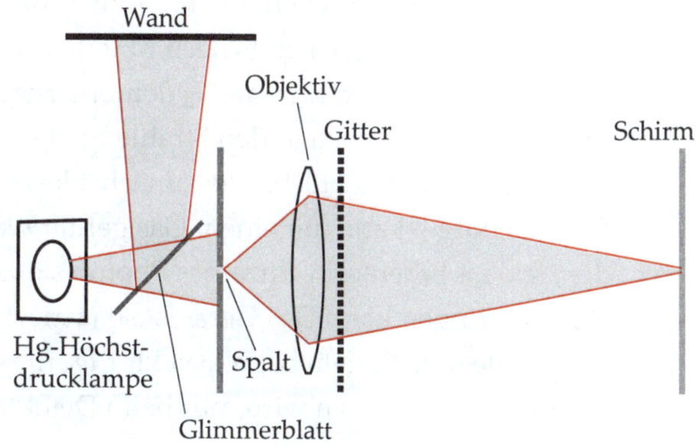

c) Das Muster auf der Wand links ist direkt nach dem Einschalten der Quecksilberhöchstdrucklampe, das Muster rechts ca. 4 Minuten später aufgenommen worden.

Beschreiben und erläutern Sie die Unterschiede der beiden Muster, welche durch das Glimmerblatt erzeugt werden.

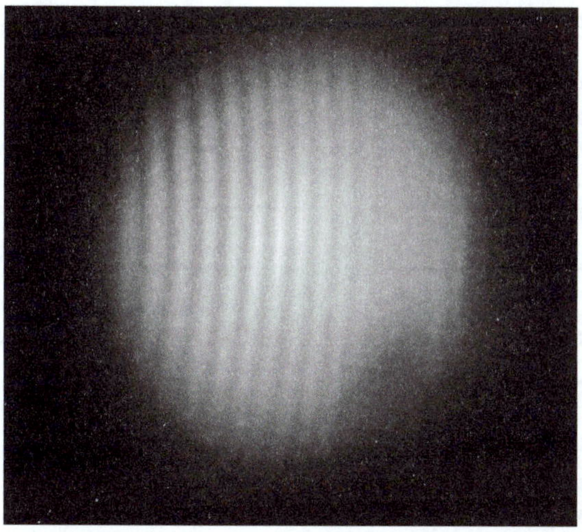

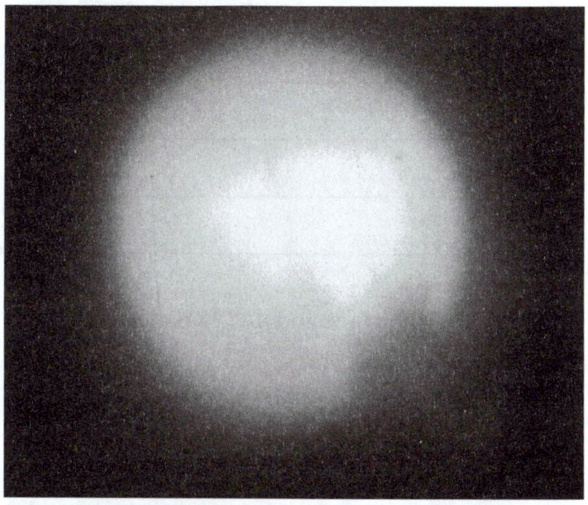

d) Erläutern Sie qualitativ, wie mithilfe dieses Versuchs die Gültigkeit der Unbestimmtheitsrelation getestet werden kann.

28 Photonen verhalten sich nichtlokal → S. 276, 204 → CD

Das nichtlokale Verhalten von Photonen soll mithilfe eines Interferenzgeräts nach MACH-ZEHNDER mit zwei Detektoren D_A und D_B demonstriert werden. Dazu werden in den Strahlengang (s. Abbildung) Kugeln gebracht, die zunächst leer sind. Eine Testkugel kann mit einem Gas gefüllt werden, sodass bereits ein einzelnes Photon sie zum Platzen bringen kann Das Gerät ist so justiert, dass bei leeren Kugeln beim Detektor D_B nie ein Photon nachgewiesen wird, nur beim Detektor D_A („Knallertest").

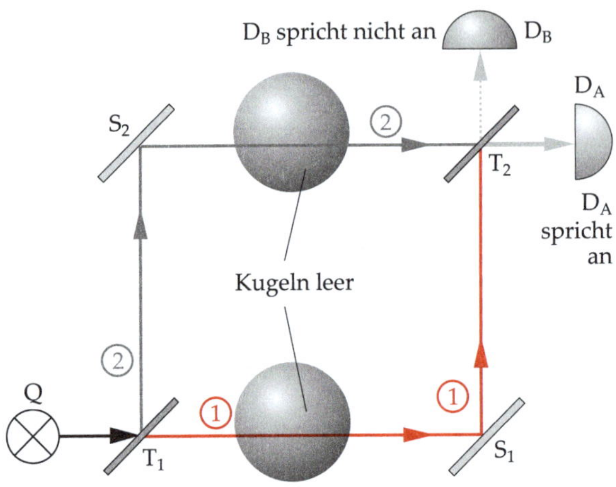

a) Erläutern Sie, warum in der Anordnung mit zwei leeren Kugeln nur der Detektor D_A anspricht, wenn beide Pfade (1) und (2) gleich lang sind.

____

____

____

____

____

b) Erläutern Sie anhand des „Knallertests", was in der Quantentheorie unter dem Begriff „Nichtlokalität" zu verstehen ist.

____

____

____

____

____

____

____

29 Verschränkte Handschuhe und das EPR–Experiment → S. 308, 309 → CD

Laura will unterwegs ihr Handschuhe anziehen, findet aber in ihrer Tasche nur den linken Handschuh; sofort weiß sie, zu Hause liegt der rechte. Ihr Begleiter, der sich für Quantenphysik interessiert, behauptet nun, die beiden Handschuhe wären in einem „verschränkten" Zustand: man müsse nämlich beide Möglichkeiten gleichermaßen in Betracht ziehen: dass sie den rechten oder den linken Handschuh in ihrer Tasche mit sich führe und der jeweils andere zu Hause liege. Erst beim Öffnen der Tasche „zerfalle" der verschränkte Zustand in einen der beiden Teile: Rechter Handschuh in der Tasche, linker Handschuh zuhause oder umgekehrt. Dies sei die Konsequenz des experimentell bestätigten „EPR-Experiments".

Beide Photonen 1 und 2 sind zusammen erzeugt („verschränkt").
Sie zeigen an parallelen Polarisatoren gleiche Polarisation.

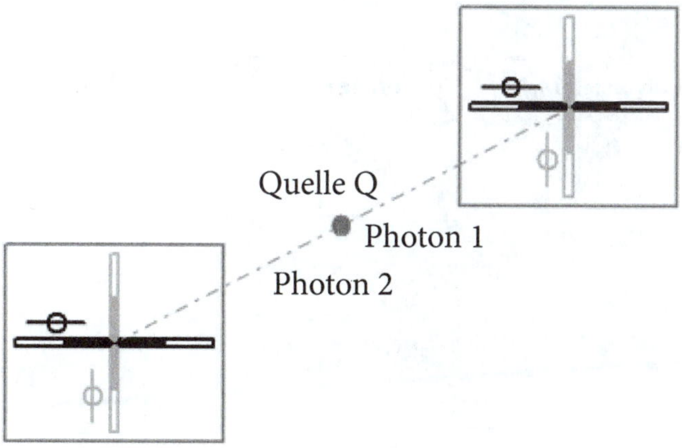

a) Erläutern Sie die Durchführung der Simulation des EPR-Experiments auf der CD.

____

____

____

b) Stellen Sie eine Analogie der Handschuhe zum EPR-Experiment her.

Lauras Handschuhe	EPR - Experiment
zwei Handschuhe	
Rechtshändigkeit, Linkshändigkeit der Handschuhe	
unterschiedliche Handschuhe	
Öffnen der Tasche	

c) Diskutieren Sie die Gültigkeit und die Grenzen dieser Analogie zum EPR-Experiment.

____

____

____

____

d) A. Einstein konnte sich zeit seines Lebens nicht mit der Quantentheorie anfreunden. Er lehnte insbesondere „spukhafte Fernwirkungen", die in dieser Theorie auftreten, ab. Nehmen Sie hierzu Stellung.

____

____

____

____

30 Entwicklung von Atommodellen → S. 288, 289

Ergänzen Sie die Tabelle.

	Zeitraum	Grundvorstellung	Vorzüge	Mängel
Demokrit				
Dalton				
Thomson				
Rutherford				
Bohr				
Schrödinger				

31 Elektronen stoßen auf Helium → S. 290

a) Erläutern Sie, welcher Frage J. Franck und G. Hertz nachgingen, als sie Atome eines verdünnten Gases mit Elektronen beschossen.

b) Die Abbildung zeigt eine Röhre, die mit einer geringen Menge Helium-Gas gefüllt ist. Rechts in der Röhre werden in der Glühwendel Elektronen durch Glühemission freigesetzt und zum Anodennetz in der Mitte durch eine Spannung U_b beschleunigt. An die Anode und an die links in der Röhre angeordnete Auffangplatte ist eine Gegenspannung U_g angelegt. Bei genügend Energie erreichen die Elektronen diese Auffangplatte und liefern den Strom der Stärke I_A. Zeichnen Sie eine Schaltskizze zum abgebildeten Versuch und beschreiben Sie diese.

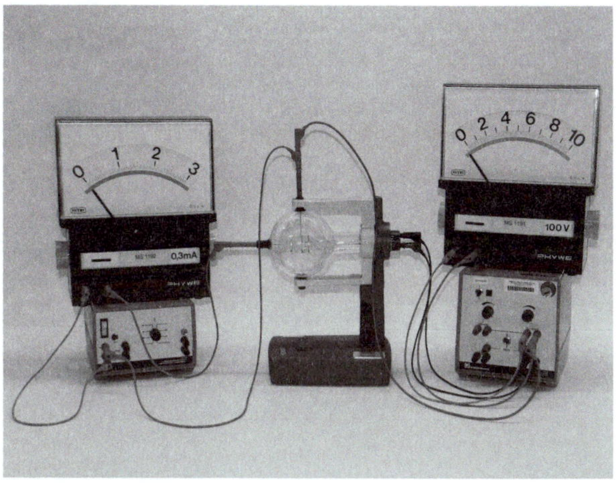

Schaltskizze:

c) Ein Messreihe liefert bei konstanter Gegenspannung U_g folgendes Ergebnis:

U_b/V	0	5	10	15	20	22	23	25	30	35	40	45	50
I_A/µA	0	25,0	60,0	100	170	180	150	30,0	60	150	250	290	250

Zeichnen Sie das zugehörige U_b-I_A- Diagramm.

d) Interpretieren Sie das U_b-I_A-Diagramm und begründen Sie den Verlauf des Graphen.

e) Übersteigt U_b einen Wert von ca. 22 V, so beginnt das Helium-Gas in der Röhre zu leuchten. Begründen Sie dies.

32 Ist C_4H_4 durchsichtig? ➔ S. 294

Das organische Molekül mit der Summenformel C_4H_4 besteht – vereinfacht betrachtet – aus einer Kohlenwasserstoffkette, die aus vier linear angeordneten C-Atomen und vier angehängten H-Atomen zusammengesetzt ist. Die Kette besitzt eine Länge $L \approx 0{,}60$ nm; in ihr befinden sich Elektronen, die nicht am Ort eines C-Atoms lokalisiert sind, sondern über einen gemeinsamen Potenzialtopf des gesamten Moleküls verteilt sind.

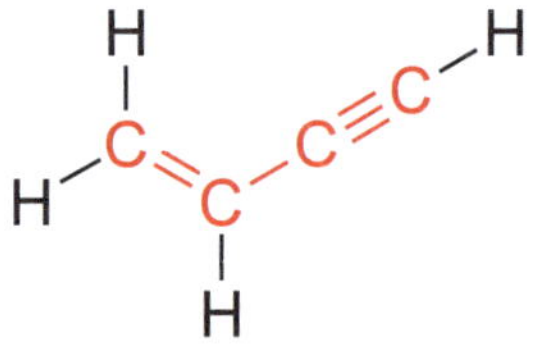

a) Berechnen Sie im Rahmen des Potenzialtopfmodells die Energien der Elektronen in den drei untersten Energieniveaus von C_4H_4 und zeichnen Sie hierfür ein Termschema.

b) Berechnen Sie die möglichen Wellenlängen von Lichtquanten bei Elektronenübergängen in C_4H_4 nach a) und begründen Sie, warum aufgrund dieses Potenzialtopfmodells C_4H_4 durchsichtig sein sollte.

33 Phosphoreszenz → S. 296

Vor einen Zinksulfidschirm hält man drei Finger und bestrahlt Finger und Schirm mit einer UV-Lampe in einem abgedunkelten Raum. Noch 10 Minuten nach dem Abschalten der UV-Lampe und nach Wegnahme der Finger zeigt sich auf dem Schirm das Bild rechts. Beschreiben und erklären Sie diesen Effekt anhand eines Energieniveau-Schemas.

Beschreibung: ____

____

____

Erklärung: ______________________________

____

____

____

____

____

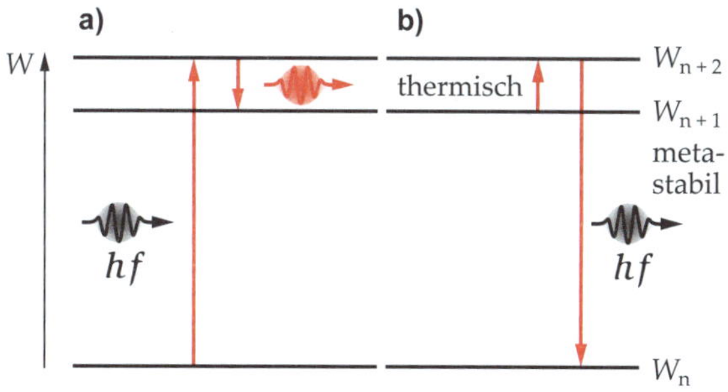

34 Elektron im Potenzialtopf nach Schrödinger → S. 298, 299

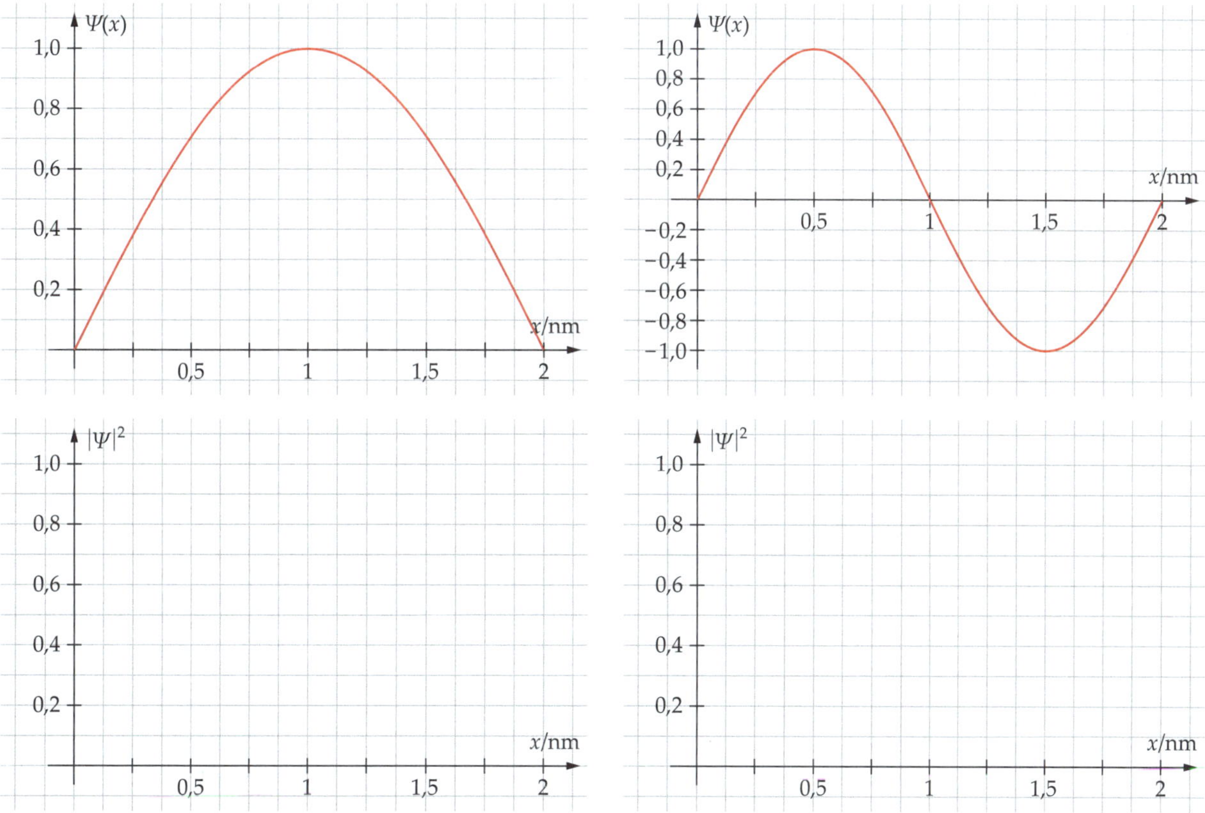

a) Die oberen Diagramme zeigen zwei Eigenfunktionen $\Psi(x)$ eines Elektrons in einem hohen, eindimensionalen Potenzialtopf (Breite: $L = 2$ nm). Skizzieren Sie die jeweils zugehörige Antreffwahrscheinlichkeit $|\Psi(x)|^2$ des Elektrons im Potenzialtopf.

b) Ein aufmerksamer Betrachter kritisiert die von Ihnen gezeichnete Verteilung $|\Psi(x)|^2$ der Antreffwahrscheinlichkeit für $n = 2$: Es kann seiner Meinung nach nicht sein, dass die Antreffwahrscheinlichkeit in der rechten und linken Hälfte des Potenzialtopfs positiv ist und in der Mitte des Topfs null, da das Elektron so nicht von einer Hälfte zur anderen gelangen kann. Nehmen Sie hierzu Stellung.

35 Die Schrödingergleichung des Wasserstoffatoms → S. 298–305

Die Lösungen der Schrödingergleichung liefern Aussagen über die Zustände der Elektronen in Atomen als Funktion ihrer Energie.

a) Geben Sie die Schrödingergleichung des Wasserstoffatoms an und erläutern Sie die Bedeutung der Bestandteile dieser Gleichung.
Begründen Sie, warum die Lösungen dieser Differenzialgleichung nicht einfach zu ermitteln sind.

b) Erläutern Sie das im Buch dargestellte Programm, um Lösungen der Schrödingergleichung für das Wasserstoffatom aufzufinden.

c) Erläutern Sie, warum nach SCHRÖDINGER nur diskrete Energie-Eigenwerte W_n des Elektrons im Wasserstoffatom möglich sind.

36 Ein Materialtest mit Röntgenstrahlen → S. 303

a) In Aufgabe 5 c) (Röntgenstrahlen) wurden die Wellenlängen von vier charakteristischen Röntgenlinien berechnet. Erläutern Sie, auch anhand einer Skizze, welche atomaren Vorgänge diesen Linien zuzuordnen sind.

Skizze:

b) Berechnen und vergleichen Sie für die erste und zweite Linie die Kernladungszahl Z der Anode des Röntgengeräts.

c) Beurteilen Sie die Güte der Näherungsformel von Moseley

$f_{K,n} = (Z-1)^2 \cdot \frac{13{,}6\,\text{eV}}{h} \cdot \left(\frac{1}{1^2} - \frac{1}{n^2}\right)$ für zunehmendes n ($n > 1$).

37 Orbitale regieren das Periodensystem → S. 304, 305

a) Erläutern Sie in Ihrem Heft die Abbildung und finden Sie eine Zuordnung der Abbildung zu möglichen Orbitalen.

a)

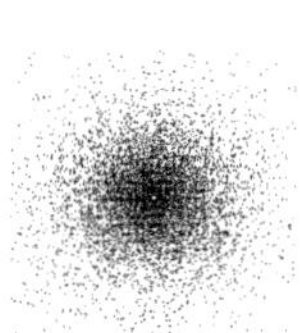

b)

c)

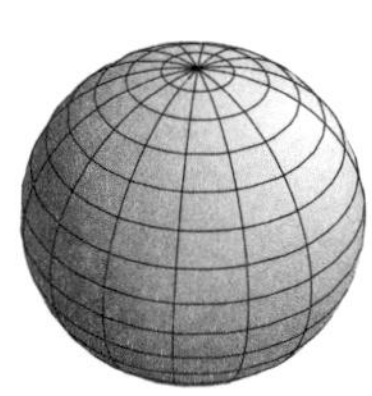

d)

b) Erläutern Sie in Ihrem Heft, wie der Aufbau des Periodensystems für die ersten 18 Elemente mithilfe der Orbitale im Chemieunterricht erklärt werden kann.

Die Aufgaben 38 bis 44 wiederholen die Inhalte der Kernphysik aus der Sekundarstufe I. Sie können die Aufgaben als klassische, einzelne Übungsaufgaben bearbeiten oder aber arbeitsteilig in Kleingruppen mit der Methode des Gruppenpuzzles.

38 „Radioaktive Strahlung" → S. 362

a) Man liest in Schulbüchern und Zeitungsartikeln oft den Begriff „radioaktive Strahlung". Recherchieren Sie, was man unter diesem Begriff versteht.

b) Diskutieren Sie, ob der Begriff „radioaktive Strahlung" den zugrunde liegenden physikalischen Sachverhalt richtig darstellt. Falls nein, geben Sie einen zutreffenden Begriff an.

39 Kenngrößen von Nukliden → S. 362

a) Erläutern Sie den Aufbau eines Atoms und eines Atomkerns sowie die Begriffe Ordnungszahl, Nukleon, Kernladungszahl, Massenzahl und Isotop eines Elements.

b) Geben Sie von den Nukliden an: Namen, Kernladungszahl *Z*, Neutronenzahl *N* und Massenzahl *A*.

Nuklid	Name	*Z*	*N*	*A*
$^{137}_{55}Cs$				
^{238}U				
$^{232}_{90}?$				
Ra-226				
I-131				

40 Eigenschaften von α-, β- und γ-Teilchen → S. 362

Nennen Sie Eigenschaften von α-, β- und γ-Teilchen.

Gemeinsame Eigenschaften von α-, β- und γ-Teilchen: ______

α-Teilchen: ______

______

______

β-Teilchen: ______

______

______

γ-Teilchen: ______

______

______

41 Absorption von α-, β- und γ-Strahlung → S. 362

a) Nennen Sie Materialien möglichst geringer Dicke, in denen α-Strahlung bzw. β-Strahlung bzw. γ-Strahlung, die von radioaktiven Substanzen ausgehen, absorbiert werden.
Hinweis: Eine Strahlung besteht aus vielen einzelnen Teilchen.

______

______

______

b) Ein mit einer sehr dünnen Metallfolie berührungssicher abgedecktes Ra-226-Präparat sendet α-, β- und γ-Strahlung aus. Beschreiben Sie ein Experiment, mit dem man diese Aussage bestätigen kann.

______

______

______

42 Ablenkung von α-, β- und γ-Teilchen im Magnetfeld

Es liegt ein paralleles Bündel von Strahlung aus radioaktiven Stoffen vor. Erläutern Sie, wie man im Prinzip mithilfe eines Magnetfeldes erkennen kann, ob es sich um einen Strahl von α- oder β- oder γ-Teilchen handelt.

______

______

______

______

______

______

______

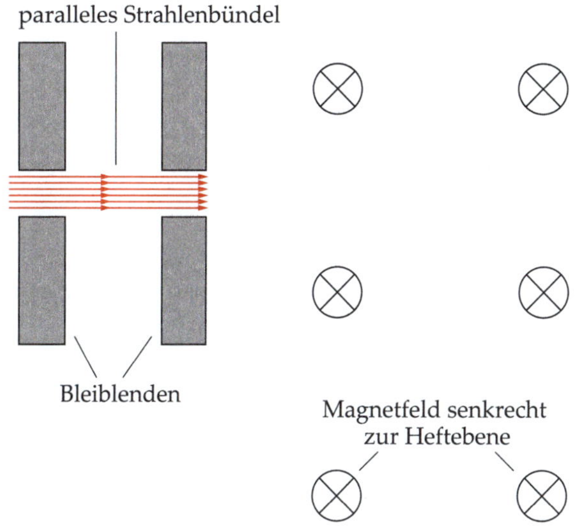

43 Radioaktiver Zerfall, Nuklidkarte → S. 362, 374, 390, 486–487

a) Beschreiben Sie die beim α-, β^-- und β^+-Zerfall im Atomkern stattfindenden Umwandlungsprozesse.

b) Füllen Sie mithilfe der Nuklidkarte die folgende Tabelle aus.

Nuklid	C-14	^{22}Na	^{208}Tl	$^{235}_{92}U$
sendet folgende Strahlung aus				
Zerfallsgleichung				
Halbwertszeit $T_{1/2}$				

c) Erläutern Sie, warum ein Nuklid neben α- oder β-Teilchen auch γ-Teilchen aussenden kann.

44 Das Geiger-Müller-Zählrohr → S. 362

Im linken Bild ist ein Geiger-Müller-Zählrohr an ein Zählgerät angeschlossen und das rechte Bild zeigt ein Geiger-Müller-Zählrohr im Querschnitt.

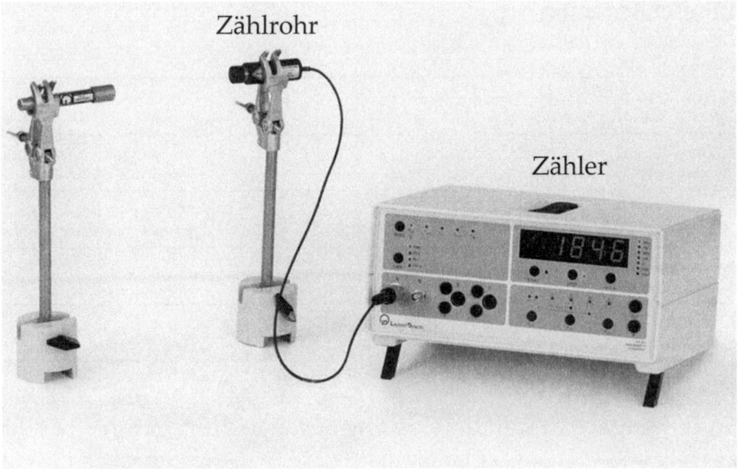

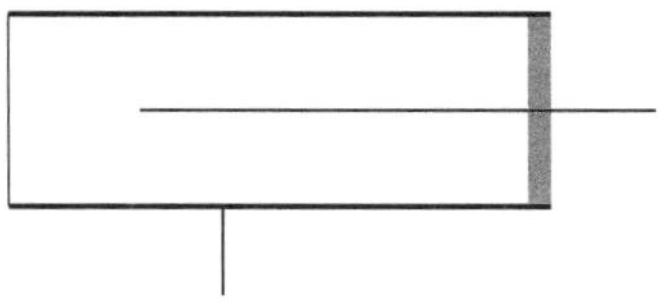

a) Beschriften Sie die Einzelteile des Zählrohrs in der Querschnittsskizze und ergänzen Sie diese Skizze durch den elektrischen Schaltkreis, in dem das Zählrohr liegt.

b) Erläutern Sie die prinzipielle Funktionsweise eines Geiger-Müller-Zählrohrs.

c) Ein Zählrohr mit angeschlossenem und eingeschaltetem Zählgerät wird weit ab von radioaktiven Präparaten aufgestellt. Trotzdem wird im Zählrohr Strahlung registriert. Erklären Sie dieses Versuchsergebnis.

45 Statistische Schwankungen von Zählraten → S. 363

a) Vor einem Zählrohr samt angeschlossenem Zähler steht in einem festen Abstand ein radioaktives Präparat. Man misst in der Zeit $\Delta t = 10$ s die Impulszahl $k = 187$. Bestimmen Sie den Fehler, den relativen Fehler und den prozentualen Fehler dieser Messung.

b) Mit derselben Messanordnung wie in Teilaufgabe a) soll die Messung so lange durchgeführt werden, bis die Impulszahl k so groß ist, dass der prozentuale Fehler kleiner als 1 % ist.

Bestimmen Sie die notwendige Messzeit Δt.

46 Halbleiterdetektor → S. 364–365

a) Erläutern Sie das grundlegende Funktionsprinzip eines Halbleiterdetektors mit angeschlossenem Impulshöhenanalysator und begründen Sie, dass man mit dieser Anordnung die Energie von α-Teilchen messen kann.

Halbleiterdetektor

b) Das Energiespektrum eines α-Strahlers soll mit Halbleiterdetektor und Impulshöhenanalysator untersucht werden. Begründen Sie, dass man dazu eine nicht abgedeckte Quelle dieses α-Strahlers verwenden und zwischen α-Strahler und Halbleiterdetektor Vakuum herrschen muss.

47 Energiespektren von α-Strahlern → S. 364–365

a) In einem länger gelagerten Radiumpräparat der Schule befindet sich eine kleine Menge an Ra-226. Das Präparat ist mit einer dünnen Folie gasdicht verschlossen, sodass alle Zerfallsprodukte von Ra-226 im Präparat verbleiben. Nimmt man das α-Spektrum dieses Präparats im Vakuum mit einem Halbleiterzähler und einem Impulshöhenanalysator mit angeschlossenem Messwerterfassungssystem auf, erhält man das nebenstehende Diagramm. Um die linear eingeteilte Energieachse zu eichen, wurde zusätzlich das α-Spektrum eines nicht abgedeckten Am-241-Präparates im Vakuum aufgenommen. Bestimmen Sie aus diesen Messkurven die Energien der α-Teilchen von Ra-226.

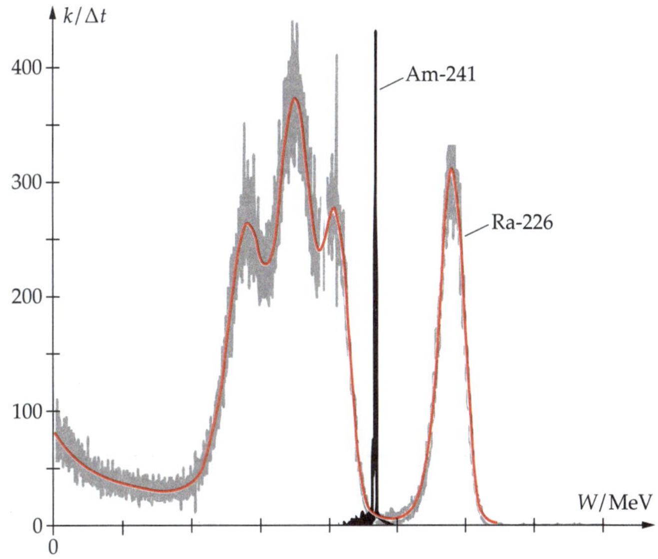

Abbildung rechts: α-Spektrum eines gasdicht verschlossenem Ra-226- und eines offenen Am-241-Präparates. Die mit einem Messwerterfassungssystem aufgenommene Messkurve von Ra-226 wurde zusätzlich geglättet, um die Peaks besser erkennen zu können.

Peak	Peak 1 Ra-226	Peak 2 Ra-226	Peak 3 Ra-226	Peak Am-241	Peak 4 Ra-226
Abstand vom Energienullpunkt in cm					
Energie der α-Teilchen in MeV					

b) Schreiben Sie mithilfe der Nuklidkarte (Buch S. 486, 487) die Zerfallsreihe von Ra-226 auf.
Hinweis: Feine Verzweigungen, z. B. bei Po-218, das selten nicht ein α- sondern ein β-Teilchen aussendet, können weggelassen werden.
Ermitteln Sie die Energien der in dieser Zerfallsreihe auftretenden α-Teilchen. Vergleichen Sie dann diese Energien mit den aus der Messung in a) ermittelten Werten. Begründen Sie die Unterschiede.

Nuklid in Zerfallsreihe					
Energie der α-Teilchen aus Nuklidkarte in MeV					
Ermittelte Energie aus Diagramm in a) in MeV					

48 Vom Energiespektrum zur Isotopenbestimmung → S. 365, 394

Plutonium kommt in der Natur nicht vor. Es wird aber durch Kernwaffentests, Wiederaufbereitungsanlage, Kernreaktoren oder Unfälle in die Umwelt eingebracht. Findet man Plutonium, möchte man wissen, woher es stammt. Die α-Spektroskopie kann dabei hilfreich sein. –
Eine für die α-Spektroskopie aufbereitete Bodenprobe aus der Ukraine nach dem Reaktorunfall in Tschernobyl wurde deshalb im Vakuum mit einem Halbleiterzähler und einem Impulshöhenanalysator mit angeschlossenem Messwerterfassungssystem auf den Gehalt an Plutoniumisotopen untersucht.

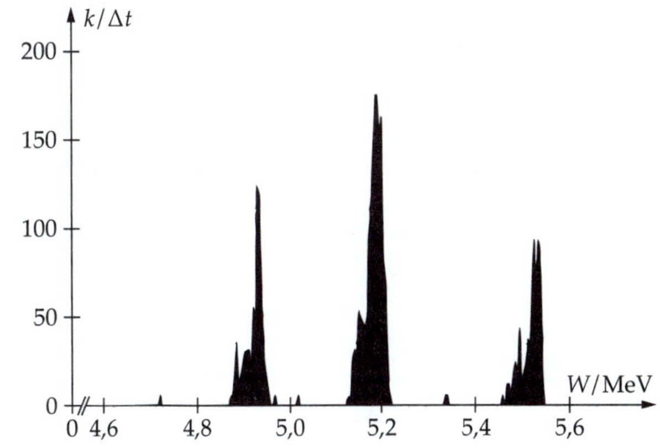

Andere α-Strahler als Plutonium wurden zuvor chemisch abgetrennt. Man erhielt das obenstehende Spektrum mit drei Linien. Bestimmen Sie die Energien der von der Probe ausgegangenen α-Teilchen und ermitteln Sie mithilfe der Nuklidkarte die Isotope des Plutoniums, die sich in der Probe befanden.

49 Vom Energiespektrum zum Zerfallsschema → S. 394

a) U-238 zerfällt mit einer Halbwertszeit von $T_{1/2} = 4{,}47 \cdot 10^9$ a durch einen α-Zerfall. Das Spektrum der auftretenden α-Teilchen zeigt das nebenstehende Diagramm. Erläutern Sie, welche Ergebnisse man dem Diagramm entnehmen kann.

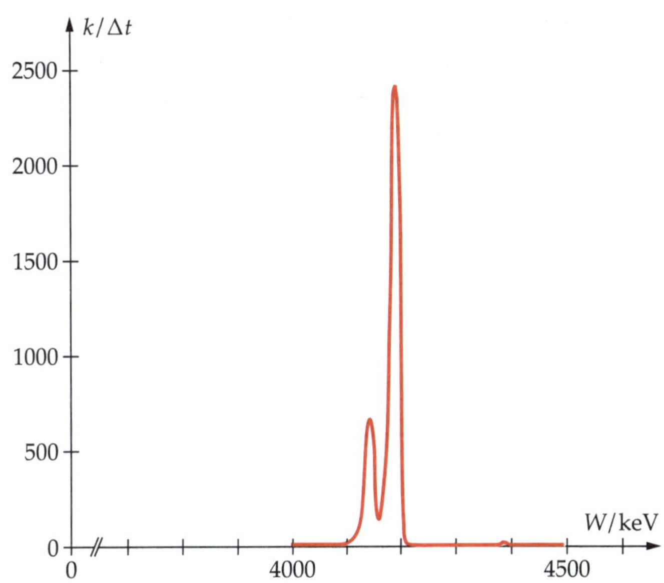

b) Entwickeln Sie auf Grund des Messergebnisses in a) und dessen Erläuterung ein mögliches Zerfallsschema von U-238.

Zerfallsschema:

U

50 α- Spektren, aufgenommen mit einem Magnetspektrometer

a) Das nebenstehende Bild zeigt ein Magnetspektrometer. Die Anordnung befindet sich im Vakuum. Das homogene Magnetfeld wird mit einem Elektromagneten erzeugt. Die Flussdichte B des Magnetfeldes lässt sich deshalb durch Änderung der Stromstärke und der Richtung des Stromes in den Spulen des Elektromagneten variieren. Die von einem α-Strahler ausgesandten α-Teilchen werden von einem Zählrohr nachgewiesen, wenn sie den skizzierten Halbkreis mit dem Radius r durchlaufen haben. Erläutern Sie, wie man mit dieser Versuchsanordnung das Energiespektrum eines α-Strahlers ausmessen kann.

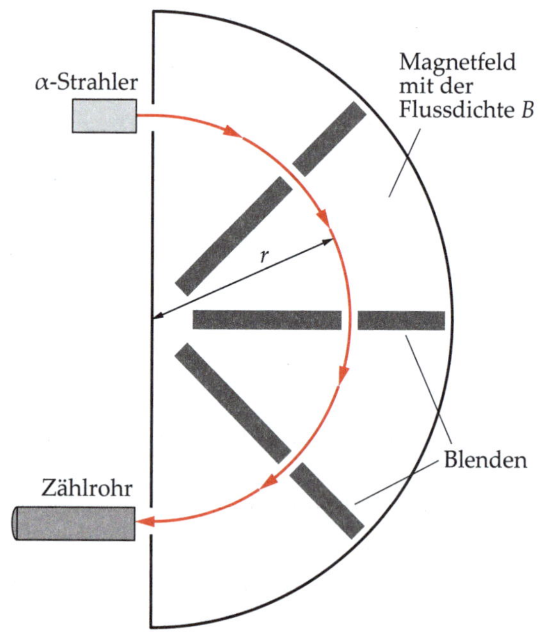

Abbildung rechts: Skizze des Magnetspektrometers: Innerhalb der halbkreisförmigen Fläche herrscht ein homogenes Magnetfeld mit der Flussdichte B senkrecht zur Tafelebene. B lässt sich variieren.

b) Als Quelle setzt man in das oben skizzierte Magnetspektrometer einen α-Strahler ein. α-Teilchen der Energie W_{kin} gelangen dann bei der magnetischen Flussdichte B vom Präparat ins Zählrohr. Leiten Sie den Zusammenhang zwischen B und W_{kin} her und interpretieren Sie diesen.

c) Als α-Strahler in dem in Teilaufgabe a) skizzierten Magnetspektrometer verwendet man Po-210. Der durch Blenden festgelegte Radius ist $r = 0{,}25$ m. Misst man die Zählrate $k/\Delta t$ in Abhängigkeit von der Flussdichte B, findet man, wie das nebenstehende Diagramm zeigt, nur bei $B = 1{,}33$ T einen Peak von α-Teilchen, d. h. nur bei dieser Flussdichte gelangen α-Teilchen vom Präparat ins Zählrohr. Bestimmen Sie die Energie dieser α-Teilchen.

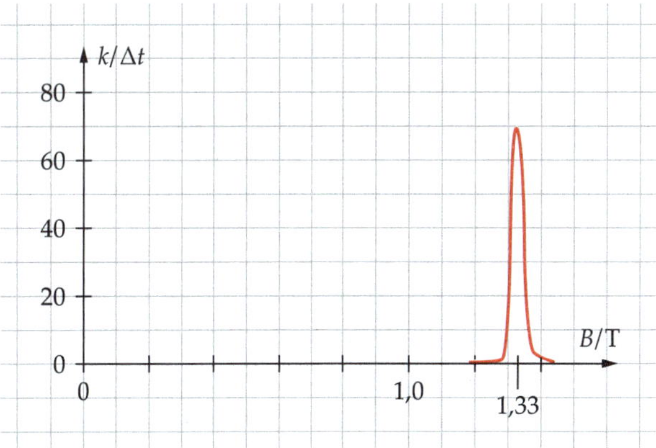

51 β-Spektren, aufgenommen mit einem Magnetspektrometer → S. 366–367

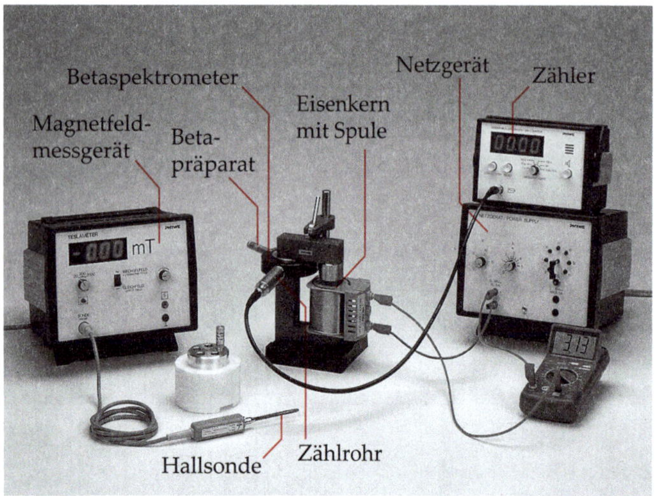

β-Spektrometer, Versuchsaufbau: Das Spektrometer wird in den Eisenkern eines Elektromagneten eingebaut. Das Magnetfeld steht dann senkrecht zur Spektrometerebene. Durch Variation des Spulenstromes I wird die magnetische Flussdichte B geändert. B wird mit einer Hallsonde gemessen.

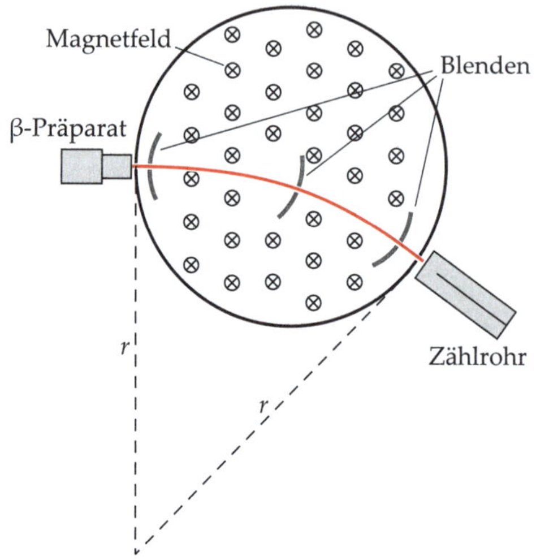

Querschnitt des Betaspektrometers. Man erkennt Betapräparat, Zählrohr und die Blenden. Die Blenden legen einen Kreis mit Radius r fest.

Im Bild oben links ist der Versuchsaufbau für ein magnetisches β-Spektrometer abgebildet und im Bild daneben ein Querschnitt durch das Spektrometer. Wie beim α-Spektrometer in Aufgabe 50 gelangen die geladenen Teilchen nur ins Zählrohr, wenn sie durch das Magnetfeld der Flussdichte B auf einen durch Blenden vorgegebenen Kreis mit Radius r gezwungen werden.

a) In Aufgabe 50, Teilaufgabe b) wurde für das Magnetspektrometer und α-Teilchen ein Zusammenhang zwischen der magnetischen Flussdichte B und der Energie W_{kin} der α-Teilchen hergeleitet. Führt man dieselben Überlegungen wie dort für β-Teilchen aus und setzt deshalb in die Gleichungen die Werte für Elektronen ein, also $q = e$ und $m = m_e$, so erhält man eine Beziehung, die für β-Teilchen mit Energien von $W_{kin} > 5$ keV eine zunehmend ungenauer werdende Näherung darstellt. Begründen Sie dies.

b) Mit dem oben skizzierten β-Magnetspektrometer wird das β^--Spektrum von Cu-64 und das β^+-Spektrum von N-13 aufgenommen. Die verwendeten Präparate waren dünn und nicht mit einer Schutzfolie abgedeckt. Der Radius der Kreisbahn der Teilchen im Magnetfeld beträgt dabei $r = 0{,}08$ m. Die Bilder auf der folgenden Seite zeigen die Messergebnisse. Begründen Sie, warum man dünne und nicht abgedeckte Präparate für die Messung verwendet.

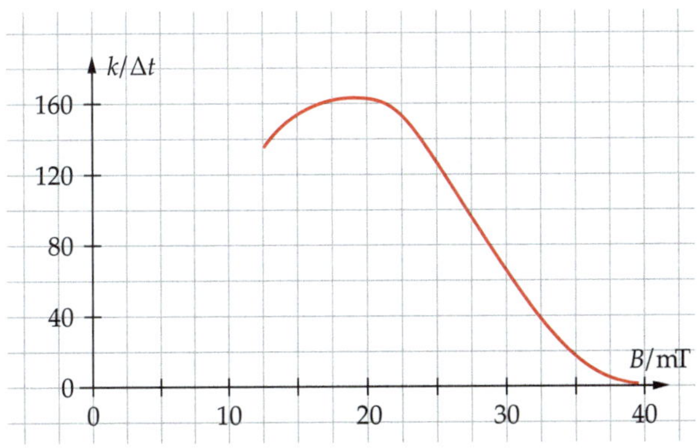

β⁻-Spektrum von Cu-64

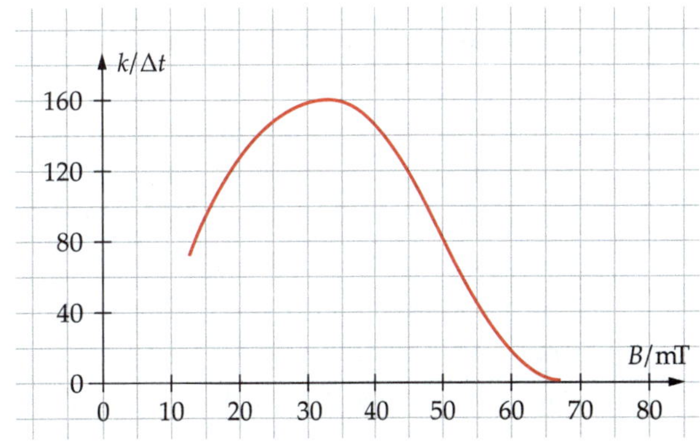

β⁺-Spektrum von N-13

c) Bestimmen Sie aus den in Teilaufgabe b) angegebenen Messungen die Maximalenergie W_{max} der β-Teilchen und die Energie W_1 der β-Teilchen, die am häufigsten auftreten, für Cu-64 und N-13. Den für die Bestimmung notwendigen Zusammenhang zwischen der magnetischen Flussdichte B und der kinetischen Energie W_{kin} der β-Teilchen, die bei der Flussdichte B ins Zählrohr gelangen, zeigt das nebenstehende Diagramm. Ermitteln Sie mit einer Internetrecherche die Literaturwerte für W_{max} und vergleichen Sie diese mit Ihren Werten für W_{max}. Erörtern Sie, worauf mögliche Unterschiede zurückzuführen sind.

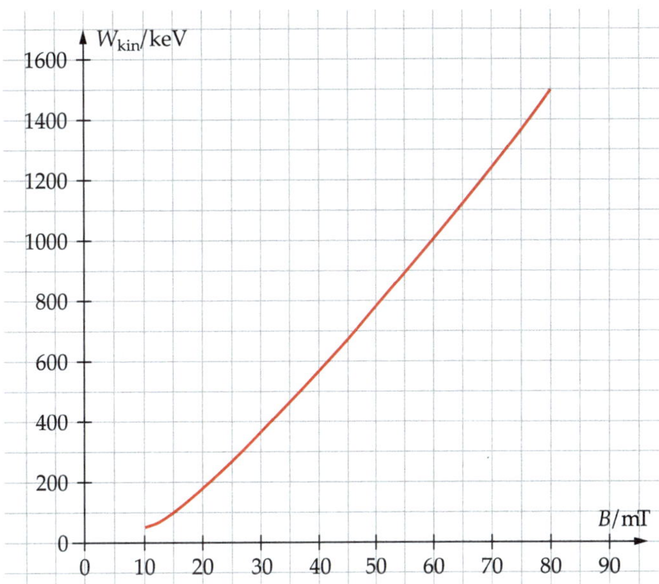

52 Unterschied zwischen einem α-Spektrum und einem β-Spektrum

Skizzieren Sie das α-Energiespektrum eines α-Strahlers und das β-Energiespektrums eines β-Strahlers. Erläutern Sie den prinzipiellen Unterschied zwischen den Spektren und begründen Sie diesen.
Nehmen sie der Einfachheit halber an, dass die radioaktiven Kerne jeweils zu 100 % vom ihrem Grundzustand in den Grundzustand des Tochterkerns zerfallen.

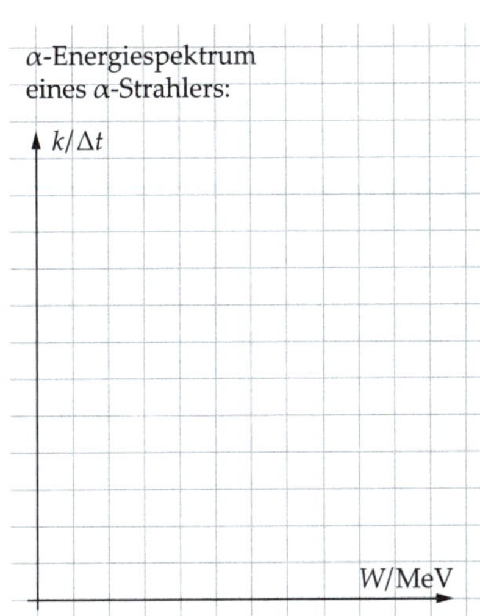

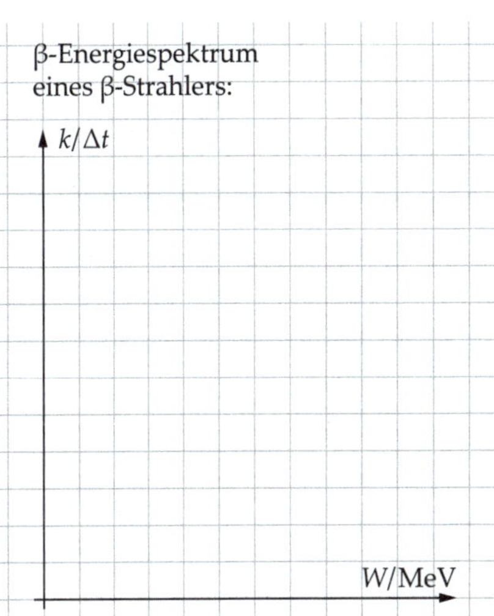

53 Absorption von Gammastrahlung in Materie; die Halbwertsdicke $d_{1/2}$ → S. 268 ff, 272 f, 370, 372

a) Trifft ein schmales Parallelbündel von γ-Strahlen der Intensität I_0 auf Materie der Dicke d, so hat die γ-Strahlung nach dem Durchdringen der Materie die Intensität $I(d)$ (nebenstehende Skizze). Geben Sie die Funktion $I(d)$ an, die die Abschwächung der γ-Strahlung in der Materie der Dicke d angibt und erläutern Sie den Begriff der Halbwertsdicke.

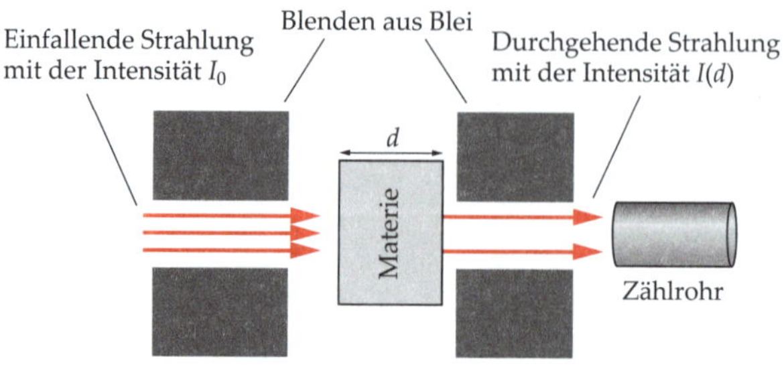

Materie der Dicke d schwächt γ-Strahlung. Unter der Intensität I einer Strahlung versteht man die Zahl der Teilchen, die pro Zeiteinheit (z. B. 1 s) durch eine Flächeneinheit (z. B. 1 cm²) hindurchtreten.

b) Nennen Sie die drei wesentlichen Prozesse, die dafür verantwortlich sind, dass γ-Strahlung beim Durchdringen von Materie geschwächt wird. Erläutern Sie diese Prozesse.

c) Erläutern Sie, welche Bedeutung die Halbwertsdicke $d_{1/2}$ für den Strahlenschutz hat.

d) Das nebenstehende Diagramm zeigt die Halbwertsdicken $d_{1/2}$ verschiedener Materialien in Abhängigkeit von der Energie W der Photonen. Nehmen Sie auf Grund dieses Diagrammes Stellung zu der Aussage: „Je größer die Dichte eines Materials ist, umso mehr schützt es vor der γ-Strahlung.“

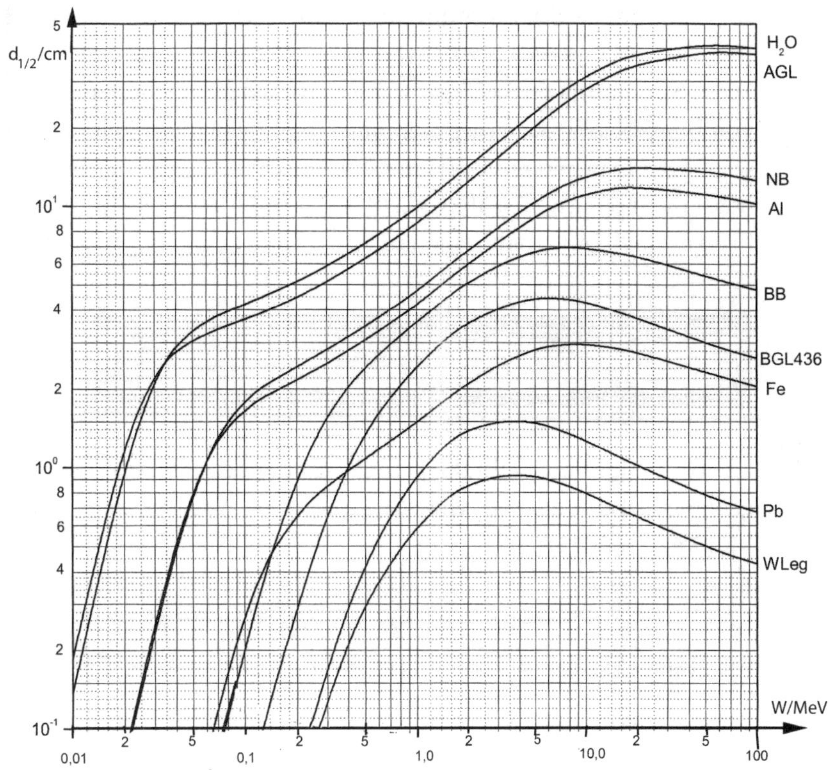

Halbwertsdicke $d_{1/2}$ von schmalen Bündeln an γ-Strahlung in Abhängigkeit von der Photonenenergie W für verschiedene Abschirmmaterialien. Dabei ist (Zahlenwert in Klammern: Dichte in g/cm³):

H_2O:	Wasser (1,0)	BGL436:	Bleiglas (4,36)
AGL:	Acrylglas (1,18)	Fe:	Eisen (7,8)
NB:	Normalbeton (2,3)	Pb:	Blei (11,0)
Al:	Aluminium (2,7)	WLeg:	Wolframlegierung (18,5)
BB:	Barytbeton (3,2)		

e) Interpretieren Sie das Diagramm in Teilaufgabe d) im Hinblick auf den Einsatz im Strahlenschutz, z. B. in einem Isotopenlabor oder einem Kernkraftwerk.

54 Experimentelle Bestimmung der Halbwertsdicke $d_{1/2}$ einer γ-Strahlung → S. 370

Die γ-Strahlung von Sr-85 ($T_{1/2}$ = 65 d) ist fast monoenergetisch. 96 % der Photonen haben eine Energie von W = 514 keV. Mit einem schmalen parallelen Strahlenbündel konstanter Intensität dieser γ-Strahlung wird die Absorption in Eisen mit der in Aufgabe 53 a) skizzierten Versuchsanordnung untersucht. Man misst dazu die Impulszahl k, die das Zählrohr in einer Minute registriert, als Funktion der Dicke d der Eisenschicht und erhält folgende Messwerte (Nulleffekt bereits abgezogen):

d / cm	0,5	1	1,5	2	2,5	3	3,5	4
k / $\frac{1}{\text{min}}$	440	350	245	187	129	103	75	61

Überprüfen Sie die Gültigkeit einer exponentiellen Abnahme der Impulszahlen und bestimmen Sie auf geeignete Weise die Halbwertsdicke $d_{1/2}$, den Absorptionskoeffizienten m und die Impulszahl k_0 in einer Minute für d = 0 cm.

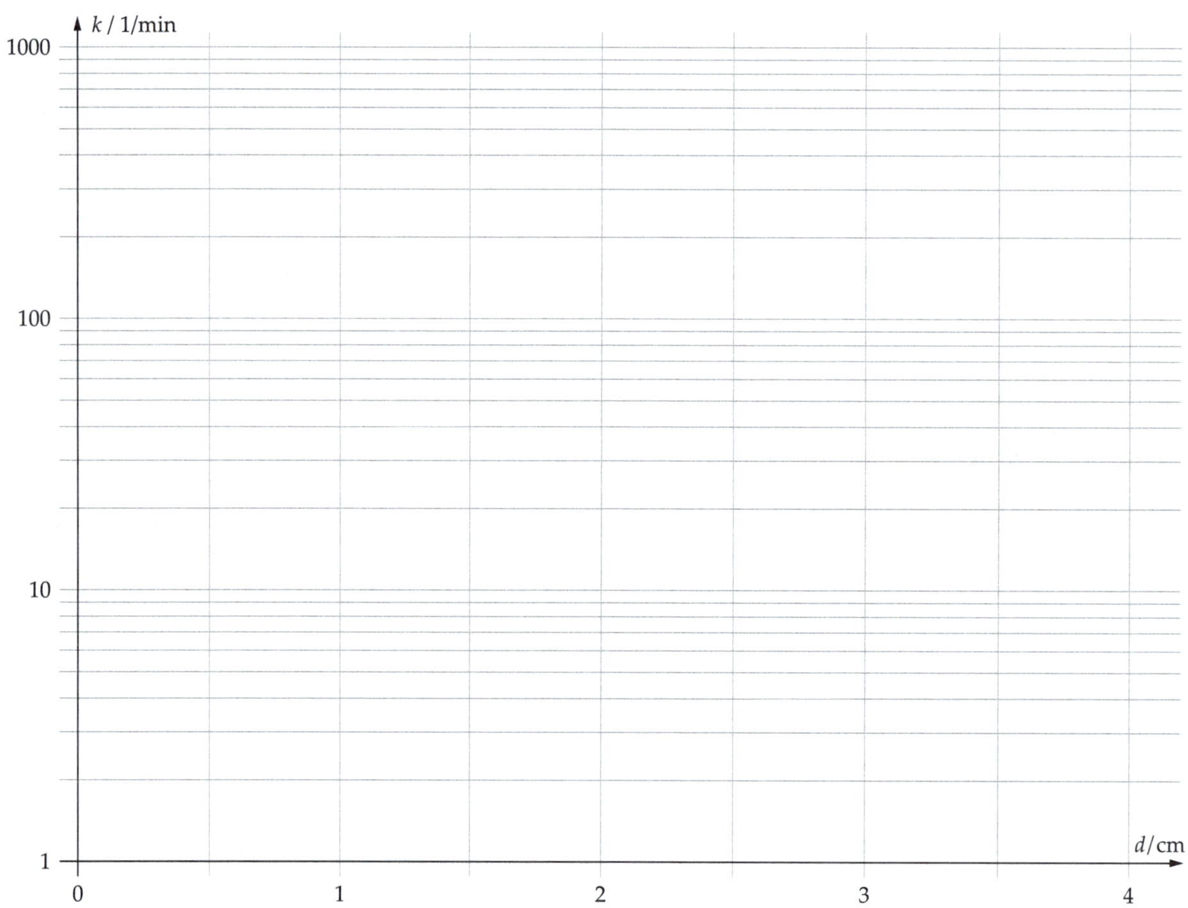

55 Halbwertszeit → S. 374–375, 387

Tc-99m ist ein für die Nuklearmedizin wichtiges Nuklid, z. B. bei der Diagnose von Skeletterkrankungen. Es zerfällt durch Aussendung eines γ-Quants ($W = 140$ keV) in den Grundzustand von Tc-99. Eine Lösung mit Tc-99m wird in einem konstantem Abstand vor einem Zählrohr aufgestellt. Man misst anschließend die Impulszahl k, die das Zählrohr in einer Minute registriert. Die Messung beginnt eine Stunde nach Herstellung der Lösung und wird nach jeder Stunde wiederholt. Man erhält die folgende Messreihe (Nullrate bereits abgezogen):

t / h	1,0	2,0	3,0	4,0	5,0	6,0	7,0	8,0
$k / \frac{1}{\text{min}}$	4287	3795	3407	3035	2680	2405	2162	1910

a) Überprüfen Sie die Gültigkeit einer exponentiellen Abnahme der Impulszahlen k und bestimmen Sie auf geeignete Weise die Halbwertszeit $T_{1/2}$ und die Impulszahl k_0 zu der Zeit $t = 0$ s.

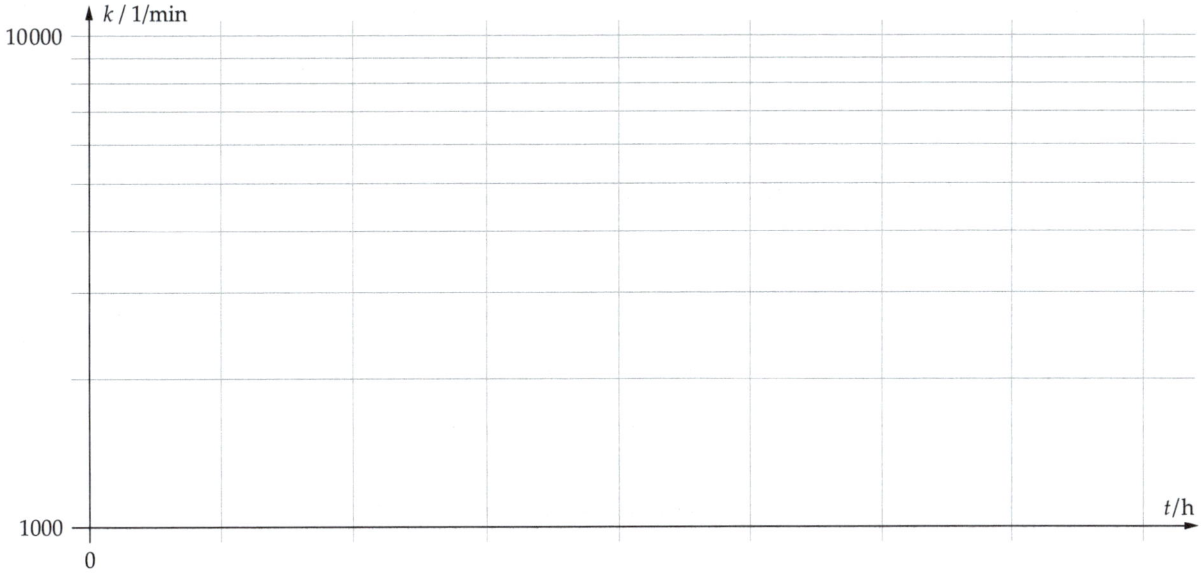

b) Ein mit Tc-99m im Krankenhaus behandelter Patient darf erst nach Hause geschickt werden, wenn die Aktivität unter ein bestimmtes Maß gesunken ist. Deshalb ist u. a. folgende Frage interessant: Nach welcher Anzahl von Halbwertszeiten $T_{1/2}$ ist die Aktivität $A(t)$ der dem Patienten zur Zeit $t = 0$ h verabreichten Tc-99m-Menge unter 0,1 % der Anfangsaktivität A_0 abgesunken? Rechnen Sie mit $T_{1/2} = 6{,}0$ h.

56 Eine Formel für die Halbwertszeit → S. 374

Die Aktivität $A(t)$ eines radioaktiven Präparates verringert sich in der Zeitspanne Δt um den Prozentsatz p. Dann beträgt die Halbwertszeit $T_{1/2}$:

$$T_{1/2} = \frac{-\Delta t \cdot \ln 2}{\ln\left(1 - \frac{p}{100}\right)}.$$

a) Überprüfen Sie, ob die Formel in Bezug auf die Einheiten und das Vorzeichen stimmen kann.

b) Prüfen Sie die Gleichung auf Plausibilität mit Je-Desto-Beziehungen.

c) Leiten Sie obige Formel für die Halbwertszeit her.

57 Mutter- und Tochtersubstanz; radioaktives Gleichgewicht → S. 377

a) Po-210 zerfällt in Pb-206 durch einen α-Zerfall mit der Halbwertszeit $T_{1/2} = 138$ d. Man kann Po-210 als Muttersubstanz M und Pb-206 als Tochtersubstanz T bezeichnen. Zu der Zeit $t = 0$ s seien N_{M0} Kerne der Muttersubstanz Po-210 vorhanden und keine Kerne der Tochtersubstanz Pb-206. Bestimmen Sie die Funktion $N_T(t)$, die die Zahl der Tochterkerne Pb-206 angibt. Skizzieren Sie in einem Diagramm den Verlauf von $N_M(t)$ und $N_T(t)$. Bestimmen Sie ohne Rechnung den Zeitpunkt t_1, zu dem $N_M(t_1) = N_T(t_1)$ ist. Ermitteln Sie zudem rechnerisch das Verhältnis $N_M(t)/N_T(t)$ zum Zeitpunkt t und prüfen Sie das Ergebnis auf Plausibilität.

b) Ein Nuklid 1 (Muttersubstanz) zerfällt mit der Halbwertszeit T_1 in ein Nuklid 2 (Tochtersubstanz), das selbst wieder mit der Halbwertszeit T_2 zerfällt. Es sei $T_1 \gg T_2$. Zu der Zeit $t = 0$ s sei N_{10} die Zahl der Kerne des Nuklids 1. Die Zahl der Kerne vom Nuklid 2 sei zu diesem Zeitpunkt 0. Skizzieren Sie qualitativ in halblogarithmischer Darstellung den Aktivitätsverlauf $A_1(t)$ und $A_2(t)$ der beiden Nuklide und begründen Sie den Verlauf der Kurven.

58 Altersbestimmung mit der C-14-Methode → S. 376

a) Beschreiben Sie die C-14-Methode.

b) Recherchieren Sie den Zeitbereich, für den die C-14-Methode eine Altersbestimmung zulässt.

c) Beurteilen Sie mit einer quantitativen Abschätzung den in b) recherchierten Zeitbereich für die Gültigkeit der Altersbestimmung. Gehen Sie davon aus, dass man mit heutigen Messmethoden Aktivitätsunterschiede von 1 % bis 2 % messen kann.

59 Abschätzung des Alters der Erde aus dem prozentualen Anteil von Uranisotopen in Natururan → S. 376, 400, 487

a) Schätzen Sie das Alter der Erde unter der Annahme ab, dass zum Zeitpunkt der Entstehung der Erde die Uranisotope U-238 und U-235 gleich häufig waren. Stellen Sie die Lösung in Ihrem Heft dar.

b) Bewerten Sie das Ergebnis von a) für das Erdalter im Vergleich zum tatsächlichen Alter der Erde von ca. $4{,}55 \cdot 10^9$ Jahren.

60 Bestimmung großer Halbwertzeiten → S. 375

Erläutern Sie in ihrem Heft, wie man Halbwertzeiten von sehr langlebigen Radionukliden ermitteln kann.

61 Bewegungsenergie der frei gesetzten Teilchen bei einem α- oder β-Zerfall → S. 395, 397

a) Pu-239 zerfällt durch einen α-Zerfall. Geben Sie die Zerfallsgleichung an und bestimmen Sie die gesamte bei diesem Zerfall freigesetzte Energie W_{ges}. Begründen Sie, warum Sie mit Atommassen rechnen dürfen.

b) Für die Bewegungsenergie W_α des α-Teilchens gilt mit der Masse m_K des Tochterkerns U-235 und der Masse m_α des α-Teilchens: $W_\alpha = \frac{m_K}{m_\alpha + m_K} \cdot W_{ges}$. Leiten Sie diese Gleichung mithilfe des Energieerhaltungs- und des Impulserhaltungssatzes her (nicht-relativistische Rechnung).

c) Berechnen Sie die Bewegungsenergie W_α des α-Teilchens.

d) C-14 zerfällt durch einen β^--Zerfall. Geben sie die Zerfallsgleichung an und bestimmen Sie die Maximalenergie W_{max} der bei diesem Zerfall frei gesetzten β^--Teilchen. Begründen Sie, dass Sie bei der Berechnung von W_{max} mit Atommassen rechnen dürfen. Vergleichen Sie Ihr Ergebnis mit der Angabe in der Nuklidkarte und einer Internetrecherche.

62 Kernspaltung → S. 24, 25, 392, 393, 400, 474

Bei der Kernspaltung von U-235 durch ein thermisches Neutron können als unmittelbare Spaltprodukte Cs-140 und Rb-94 auftreten.

a) Stellen Sie die Reaktionsgleichung dieser Kernspaltung auf.

b) Schätzen Sie die bei der Kernspaltung frei werdende Energie ab, indem Sie die Energie W_{12} berechnen, die aufgrund der elektrostatischen Abstoßung der Spaltprodukte frei wird.

Gehen Sie von der nebenstehenden Skizze aus und verwenden Sie für die Kernradien die Näherungsformel

$R_K = r_0 \cdot A^{\frac{1}{3}}$ mit $r_0 = 1{,}3 \cdot 10^{-15}$ m.

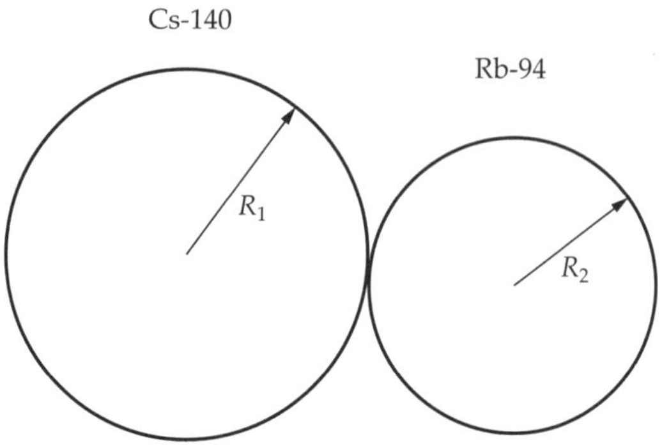

c) Bestimmen Sie die bei der Kernspaltung frei gesetzte Energie aus den Atommassen (*http://www.nndc.bnl.gov/masses/mass.mas03*) und vergleichen Sie diese mit dem Ergebnis von Teilaufgabe b). Die Bewegungsenergien des U-235-Kerns und des thermischen Neutrons vor der Spaltung sind zu vernachlässigen.

d) Die Spaltprodukte Cs-140 und Rb-94 sind radioaktiv und zerfallen durch jeweils drei hintereinander folgende β^--Zerfälle in die stabilen Nuklide Ce-140 bzw. Zr-94. Stellen Sie mithilfe des Periodensystems diese zwei Zerfallsreihen auf.
Hilfreich kann auch ein Blick in eine Nuklidkarte im Internet sein, wie z. B. *http://www.leifiphysik.de/web_ph12/umwelt_technik/11nuklidkarte/nuklidkarte.htm.*

e) Begründen Sie, dass die Spaltprodukte einer Kernspaltung von U-235 – im obigen Fall Cs-140 und Rb-94 – immer β^--Strahler sind.

f) Bestimmen Sie die gesamte Energie, die bei der Spaltung von U-235 mit einem thermischen Neutron in die stabilen Nuklide Ce-140 und Zr-94 frei wird.

g) Erläutern Sie die Bedeutung der beim Zerfall der Spaltprodukte freigesetzte Energie bei der Nutzung der Kernenergie.

63 Mittlere Bindungsenergie pro Nukleon, Kernfusion → S. 391, 404

Das nebenstehende Diagramm zeigt die mittlere Bindungsenergie pro Nukleon *W*/*A* eines Atomkerns als Funktion der Massenzahl *A* des Atomkerns.

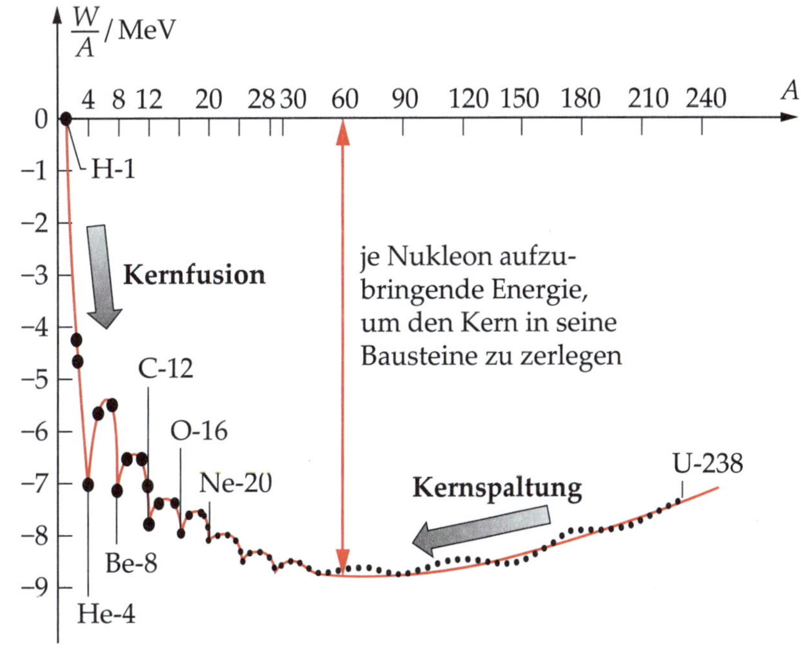

a) Erläutern Sie die Begriffe „Bindungsenergie eines Atomkerns“ und „mittlere Bindungsenergie eines Atomkerns je Nukleon“.

b) Bestimmen Sie die Bindungsenergie W und die mittlere Bindungsenergie pro Nukleon W/A des Kerns $^{56}_{26}\mathrm{Fe}$.

c) Erläutern Sie das oben stehende Diagramm und begründen Sie – auch an Hand einfacher Zahlenbeispiele – warum man sowohl durch Kernspaltung als auch durch Kernfusion Energie freisetzen kann.

d) Atomkerne, die aus einem Proton und einem Neutron bestehen, nennt man auch Deuteronen. Treffen zwei Deuteronen mit großer kinetischer Energie aufeinander, kann folgende Kernfusionsreaktion eintreten: $^{2}_{1}\mathrm{H} + ^{2}_{1}\mathrm{H} = ^{3}_{2}\mathrm{He} + ^{1}_{0}\mathrm{n}$. Bestimmen Sie die dabei freigesetzte Energie.

e) Zwei Deuteronen fliegen mit gleicher Geschwindigkeit aufeinander zu. Damit die Kerne verschmelzen können und eine Kernfusion stattfindet, müssen sich klassisch gesehen die Kerne auf einen Abstand von mindestens $r = 3 \cdot 10^{-15}$ m nähern, um die Coulomb-Potenzialbarriere überwinden zu können. Bestimmen Sie die dazu nötige Bewegungsenergie jedes dieser beiden Kerne.

f) Erläutern Sie, warum schon deutlich niedrigere Bewegungsenergien als die in der vorangegangenen Aufgabe bestimmten ausreichen, um die Kernfusion in Gang zu setzen.

64 Mindmap Kernphysik → S. 362–404

Stellen Sie in Ihrem Heft in einer Mindmap das Thema „Kernphysik" entsprechend dem Lehrbuch auf den Seiten 362 bis 404 strukturiert dar.

Kernphysik

65 Bewegungen sind Ortsveränderungen, relativ zu einem Bezugssystem → S. 242 ff.

a) Luise will auf dem Flughafen bequem und schnell das Abfluggate erreichen. Sie stellt sich auf das Laufband, das *relativ* zum Hallenboden mit der Geschwindigkeit $v_{\text{Band}} = 5{,}0$ m/s nach rechts läuft. Der Hallenboden sei unser *Bezugssystem*. Solange Luise auf dem Laufband stehen bleibt, ist ihre Geschwindigkeit bezüglich dieses Bezugssystems $v_{\text{Luise, 0}} = v_{\text{Band}} = 5{,}0$ m/s.

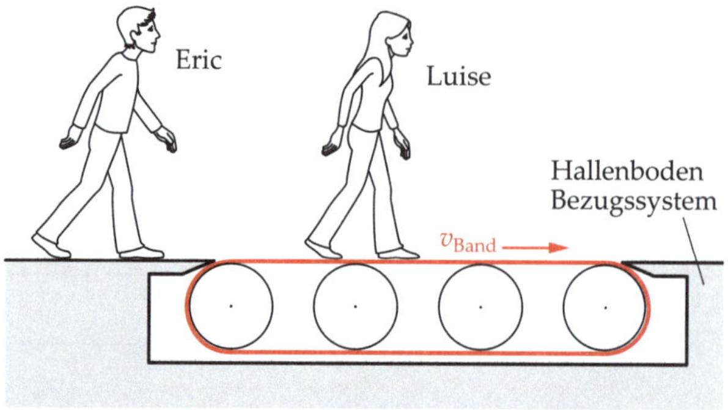

Nun spaziert Luise auf dem Band, also relativ zu diesem, mit $v_{\text{Luise, 1}} = 4{,}0$ m/s, auch nach rechts. Eric möchte neben dem Band zu Fuß gleichzeitig am Ende des Bands ankommen. Beschreiben Sie den Vorgang zunächst verbal, indem Sie z. B. die Aussage $v_{\text{Band}} = 5{,}0$ m/s anschaulich deuten. Ermitteln Sie dann die konstante Geschwindigkeit von Eric relativ zum Hallenboden.

b) Luise hat plötzlich den Ehrgeiz, am Ende des $L = 90$ m langen Bands mit 2,0 s Vorsprung vor Eric anzukommen, der relativ zum Bezugssystem Boden mit $v_{\text{Eric}} = 9{,}0$ m/s rennt. Berechnen Sie die Geschwindigkeit $v_{\text{Luise, 2}}$ relativ zum Band, das relativ zum Boden die Geschwindigkeit $v_{\text{Band}} = 5{,}0$ m/s beibehält.

66 Was sind Intertialsysteme? → S. 242

Luise hat einen Ball auf das Laufband gelegt. Geben Sie an, wann das Band ein Inertialsystem ist (*inertia*, Trägheit), wann nicht und wie sich dort jeweils der Ball verhält.

67 Schall überholt einen Schnellzug → S. 243

Am Ende E eines Zugs mit Länge $L = 200$ m wird ein Schallsignal ausgelöst. Berechnen Sie die Zeit, die es bei Windstille außerhalb des Zugs bis zu dessen Spitze S braucht, zunächst wenn der Zug steht, dann wenn er mit $v = 40$ m/s relativ zum Bahndamm nach rechts fährt (Schallgeschwindigkeit relativ zum Schallträger Luft $c_S = 340$ m/s).

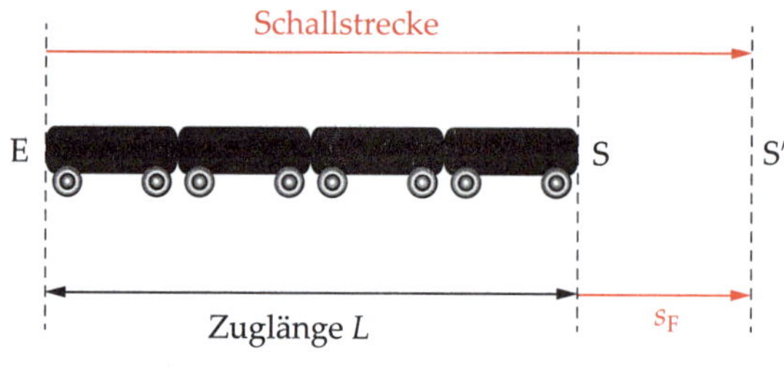

68 Ist Schall für jeden Beobachter gleich schnell? → S. 243

Am Ende E des nach rechts mit $v = 40$ m/s fahrenden Zugs sitzt ein Beobachter und sendet ein Schallsignal nach links und zugleich nach rechts aus. Berechnen Sie die Geschwindigkeiten beider Schallsignale relativ zu diesem Beobachter bei Windstille. Klären Sie, ob es eine beobachterunabhängige Schallgeschwindigkeit gibt (Schallgeschwindigkeit relativ zu Luft $c_S = 340$ m/s).

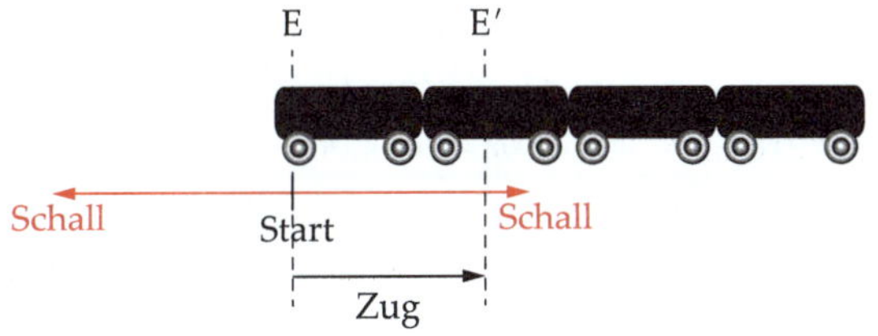

69 Ist Licht für jeden Beobachter gleich schnell? → S. 245

a) EINSTEIN fragte schon als Schüler: „Wenn ich hinter einem Lichtblitz mit halber Lichtgeschwindigkeit laufe, mit $c/2$, wie schnell ist er dann *relativ* zu mir?" In die SRT übernahm er später MAXWELLS Theorie. Dieser verwarf materielle Träger bei elektromagnetischen Wellen; diese bezog er auf elektrische und magnetische Felder. Die Geschwindigkeit dieser Wellen relativ zu einem beliebigen Beobachter beträgt $c = 1/\sqrt{\varepsilon_0 \cdot \mu_0} \approx 3{,}00 \cdot 10^8$ m/s. Suchen Sie in der Formel Hinweise auf Bewegungen des Beobachters oder der Quelle, welche c beeinflussen könnten. Diskutieren Sie die Antwort der Formel auf EINSTEINS Frage.

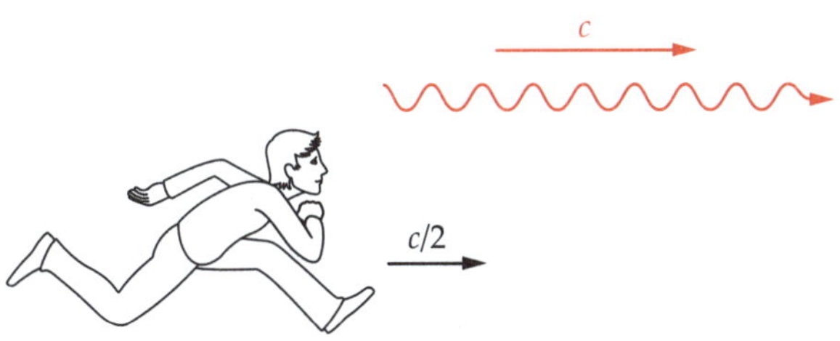

b) Ergänzen Sie folgende Tabelle.

	Wellen-Träger	Hängt die Ausbreitungsgeschwindigkeit der Welle ab	
		vom Beobachter?	von der Quelle?
Schallwelle			
Lichtwelle			

70 Zeit ist relativ → S. 244–247

a) Dass jeder Beobachter für die *Lichtgeschwindigkeit* den gleichen Wert $c \approx 3{,}00 \cdot 10^8$ m/s benutzen darf, wurde vielfältig experimentell bestätigt. Diese *Invarianz* von c hat weitreichende Konsequenzen für den Zeitablauf, die bei Schall nicht gelten. Um dies zu zeigen, betrachten wir Radiosignale, die von einem Sender E in Europa zu einem Empfänger A in Amerika laufen ($\overline{EA}$ = 8000,000 km). Die Erde kreist mit v_E = 30,00000 km/s um die Sonne nach rechts. Dies beobachten Außerirdische, die neben der Erdbahn stehen; sie sind relativ zur Sonne in Ruhe. Ihr Bezugssystem bezeichnen wir mit S.

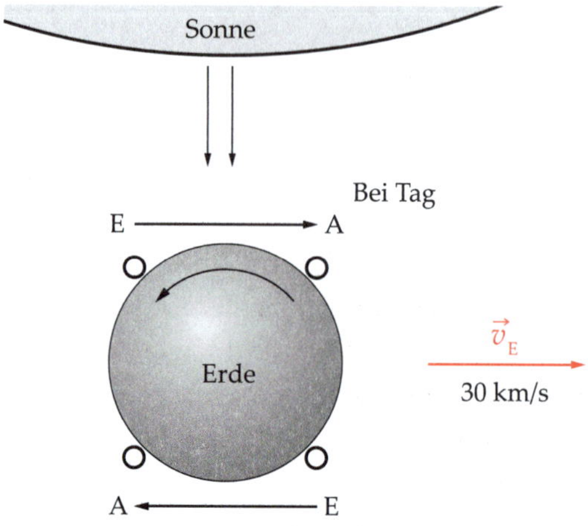

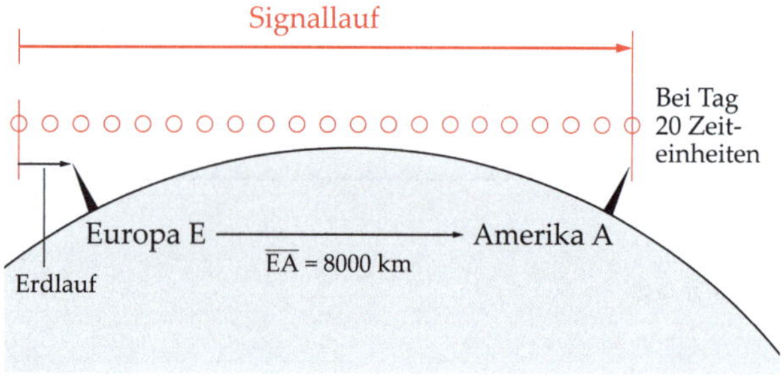

Bild a

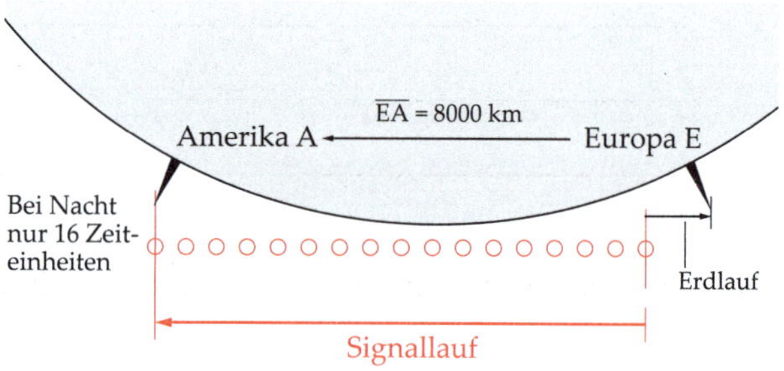

Bild b

Relativ dazu läuft das Signal E→A *bei Tag* in Richtung von $\vec{v}_E$ nach rechts, dem von der Erde mitgeführten Ziel A hinterher (Bild a). 12 Stunden später, *bei Nacht*, hat sich die Erde um 180° gedreht. Dann läuft das Ziel A mit der Erde dem Signal A←E entgegen (Bild b). Betrachten Sie die zugehörige Simulation auf der CD. Leiten Sie Formeln für die erwarteten Signal-Laufzeiten t_{Tag} und t_{Nacht} her und berechnen diese mit c = 2,997924 · 10⁸ m/s.

b) Nun wechseln wir zum Bezugssystem S′ „Erde". Wir stehen dort und messen in diesem die gleichen Signale E→A, wiederum bei Tag und Nacht. Da sich relativ zu uns Irdischen die Erde nicht bewegt, beachten wir deren Geschwindigkeit $\vec{v}_E$ nicht; die Laufstrecke der Radiosignale ist für uns bei Tag und Nacht gleich $\overline{EA}$. Geben Sie eine Formel für deren Laufzeit im Bezugssystem S′ „Erde" an, berechnen Sie diese so genau wie möglich und vergleichen mit dem im Bezugssystem S der Außerirdischen gültigen Ergebnis nach a).

c) Zum Vergleich füllen Sie folgende Tabelle mit den in a) und b) berechneten Laufzeiten der Radiowellen von Europa nach Amerika (E→A) aus, für Tag und Nacht. Obwohl es sich dabei *um den gleichen Vorgang* handelt, hängen die *Laufzeiten* vom Bezugssystem, vom Beobachter ab. EINSTEIN sagte als Erster: „Zeit ist relativ." Begründen Sie diese Relativität der Zeit.

Der gleiche Vorgang, der Signallauf E→A, betrachtet im Bezugssystem	Laufzeit bei Tag	Laufzeit bei Nacht
der Außerirdischen, relativ zur Sonne (nach a) im Bezugssystem S		
der Erdbewohner, relativ zur Erde (nach b) im Bezugssystem S′		

71 Wenn Licht einen materiellen „Träger" hätte – wie der Schall?

Vor EINSTEIN nahm man an, Licht habe einen Träger, so wie Schall die Luft; man nannte ihn *Lichtäther* und sah in ihm das „absolute Bezugssystem". Nehmen wir an, er sei an die Sonne gebunden. Müssten dann die Außerirdischen in Aufgabe 70 a) ihre Rechnung ändern oder wir Irdischen in Aufgabe 70 b)?

72 Lichtuhren und ihre Synchronisation ➔ S. 246, 247

a) Da man sich auf seinen subjektiven Zeitsinn nicht verlassen kann, schaut man auf die Uhr. EINSTEIN erfand eine Idealuhr, die für alle Beobachter gilt, gemäß den Prinzipien der SRT. Wir stellen sie uns vor als Glasrohr der Länge $L = 0{,}30$ m mit Idealspiegeln an den Enden. Dazwischen läuft ein Lichtsignal verlustlos auf und ab. Berechnen Sie die Zeit, die es für die Strecke $L = 0{,}30$ m braucht. Geben Sie an, was man an den kleinen Kreisen mit 0,030 m Abstand ablesen kann. Prüfen Sie, ob diese Lichtuhr für jeden Beobachter gültig ist, in jedem Bezugssystem.

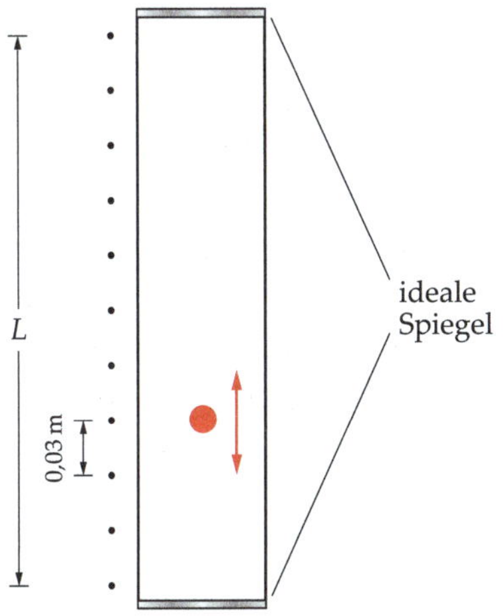

b) Geben Sie an, warum ein Beobachter ferne Uhren nicht ablesen darf.

c) Wie geht man vor, damit für zwei Beobachter des gleichen Bezugssystems an getrennten Orten die gleiche Zeit gilt? (Siehe die zwei Personen an den Uhren S_1 und S_2 im folgenden Bild zu Aufgabe 73 a) und die entsprechende Simulation auf der CD)

73 Zur Zeitdilatation → S. 247

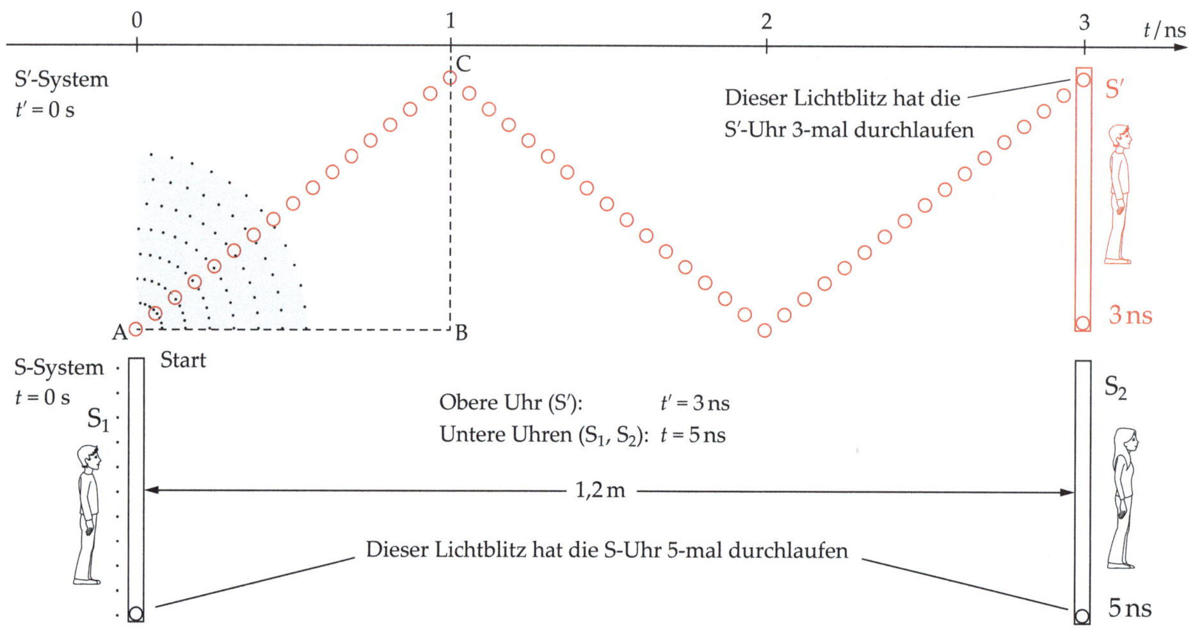

a) Wir untersuchen nun, warum die Zeit relativ ist und wie sie vom Bezugssystem des Beobachters abhängt. Betrachten Sie hierzu im unteren S-System, das relativ zu Ihnen ruht, die zwei synchronisierten S-Lichtuhren S_1 und S_2 (nutzen Sie die Simulation auf der CD). Darüber rast die gleich lange S'-Uhr des S'-Beobachters vorbei. Sie passierte die linke S-Uhr S_1, als beide S-Uhren $t = 0$ s zeigten; sie ticken synchon. S' stellte dabei seine S'-Uhr auf $t' = 0$ s. Beschreiben Sie den Lauf der Lichtblitze in den S- und S'-Uhren. Ziehen Sie beim Vergleich Rückschlüsse auf die rechts angezeigte S- und S'-Zeit.

b) Geben Sie an, wie der S′-Beobachter den Verlauf der Lichtblitze in seiner S′-Uhr beschreibt und worin sich S′ und S grundsätzlich unterscheiden.

c) Nach b) unterscheiden sich die Messverfahren von S und S′ erheblich, auch die Ergebnisse. Versuchen Sie trotzdem einen Zusammenhang zwischen der S-Zeit t und S′-Zeit t' zu finden, eine Formel für die Zeitdilatation der SRT.
Zeichnen Sie dazu aus dem Bild in a) das rechtwinklige Dreieck ABC, beschriften Sie die Strecken $\overline{AB}$, $\overline{AC}$ und $\overline{BC}$ mit $v \cdot t$, $c \cdot t$ bzw. $c \cdot t'$ und geben Sie die Bedeutung dieser Strecken an.

d) Wenden Sie die gewonnene wichtige Beziehung zwischen t' und t auf die im Bild zu a) gezeigten Werte $t' = 3$ ns und $t = 5$ ns an und berechnen dabei die Geschwindigkeit der S′-Uhr, also die Relativgeschwindigkeit v zwischen dem S′- und dem S-System, die sowohl für S als auch für S′ gilt.

e) Entwickeln Sie den wichtigen Zusammenhang zwischen $k = t'/t$ und $\beta = v/c$ und erklären das rechts stehende Diagramm $k(\beta)$.

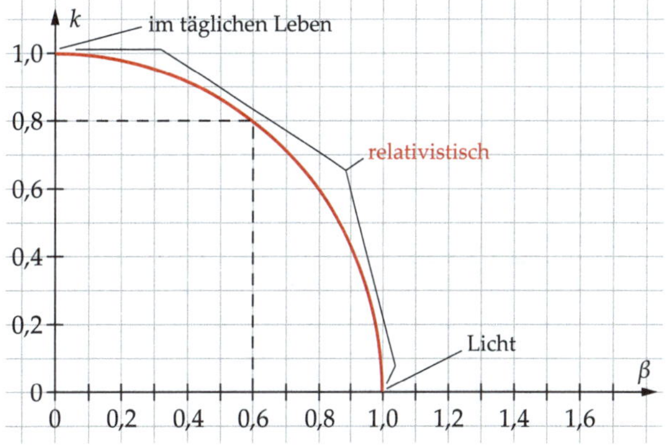

74 Anwendungen der Zeitdilatation → S. 247, 251

a) Berechnen Sie die Geschwindigkeit der oberen S′-Uhr im Bild zu Aufgabe 73 a), falls diese die halbe Zeit der unteren S-Uhr anzeigt, an der sie gerade vorbei fliegt. Prüfen Sie, ob das nur in diesem Augenblick gilt oder während ihres ganzen Flugs.

b) Geben Sie den Geschwindigkeitsbereich an, in dem der Faktor $k = \sqrt{1 - \beta^2}$ der Zeitdilatation kleiner als 0,01 ist.

c) Um die Anzeige der Atomuhren bei der Physikalisch-Technischen Bundesanstalt in Braunschweig mit denen in Paris zu vergleichen (Abstand $s = 1000$ km), transportierte man eine Atomuhr zwischen beiden Orten. Berechnen Sie, mit welcher Geschwindigkeit v dies höchstens geschehen durfte, wenn der dabei unvermeidliche relativistische „Zeit-Fehler“ unter 0,1 ns bleiben sollte. Beurteilen Sie, ob zum Transport ein Flugzeug verwendet werden konnte.
Wenn Ihr Taschenrechner versagt, so benutzen Sie die Näherungsformel
$\sqrt{1 - q} \approx 1 - q/2$ für $q \ll 1$.

75 Aufgaben zum Zwillingsparadoxon ➔ S. 248 ➔ CD, Programm 8

a) Im Bild zu Aufgabe 73 a) stehe die linke untere S-Uhr S_1 auf der Erde beim sesshaften Zwilling A als Bezugssystem, die rechte S_2 auf dem Sirius im S-Abstand $s = 8{,}6$ Lj (Lichtjahre; 1 Lj ist der Lichtweg in 1 Jahr). Die obere S'-Uhr fliege mit dem reisenden Zwilling B von S_1 nach S_2 mit der Geschwindigkeit $v = 0{,}90\ c$ und wieder zurück. Prüfen Sie, ob man auch beim Rückflug die bekannten Gleichungen für die Zeitdilatation benutzen darf.

Berechnen Sie, um wie viele Jahre der Erdenbruder A bei der Rückkehr gealtert ist und um wie viele der reisende Zwilling B. (Beschleunigungszeiten beim Abfahren und Bremsen bleiben unbeachtet).

b) Berechnen Sie die Zeit, um die der Reisende eines Düsenjets wegen der Zeitdilatation jünger bleibt, wenn er mit $v = 1000$ km/h um den Erdball ($U = 40\,000$ km) in stets gleicher Höhe fliegt (von Erdrotation abgesehen).
Benutzen Sie die Näherung $\sqrt{1-q} \approx 1 - q/2$ für $q \ll 1$.

76 Zur Längenkontraktion in Bewegungsrichtung ➔ S. 249

a) Autofahrer berechnen oft aus Fahrzeit t und Fahrgeschwindigkeit v die zurückgelegte Strecke $x = v\ t$. In der Anordnung zu Aufgabe 73 a) habe die Relativgeschwindigkeit von S' gegen S den Betrag $v = 2{,}4 \cdot 10^8$ m/s ($\beta = 0{,}80$; $k = 0{,}60$). S liest an seinen Uhren $t = 15{,}0$ ns ab, S' nur $t' = k\ t = 9{,}0$ ns.

Geben Sie an, wie S und S' den Abstand der S-Uhren S_1 und S_2 ermitteln und ob diese Abstandsberechnung auch für die Länge der Lichtuhren S_1 und S_2 gilt.

b) Ein UFO der Eigenlänge $L' = 12$ m fliegt im S'-System über uns S-Beobachtern mit $v = 0{,}80$ c. Berechnen Sie die von uns (S) gemessene UFO-Länge und klären Sie, ob eine eventuelle Verkürzung Einfluss auf die Laufzeit eines Lichtsignals vom Ende A zur Spitze B für Beobachter im S'-System hat.

77 Der Zerfall sehr schneller Myonen bestätigt die SRT ➔ S. 248, 254, 374, 415

a) Nach Tabellenangabe zerfällt von vielen Myonen (schweren Elektronen) in der Halbwertszeit $T_{1/2} = 1{,}50$ µs etwa die Hälfte. Dieser Tabellenwert gilt aber nur für Beobachter, relativ zu denen die Myonen ruhen. Nun fliegt ein großer Pulk Myonen aus der Höhe $H = 16$ km mit $v = 0{,}9995$ c nach unten zur Erde (S-System links im Bild mit zwei synchronen S-Lichtuhren S_1 und S_2). Die Myonen führen nach unserer Vorstellung eine S'-Uhr mit sich (rechts, rot).

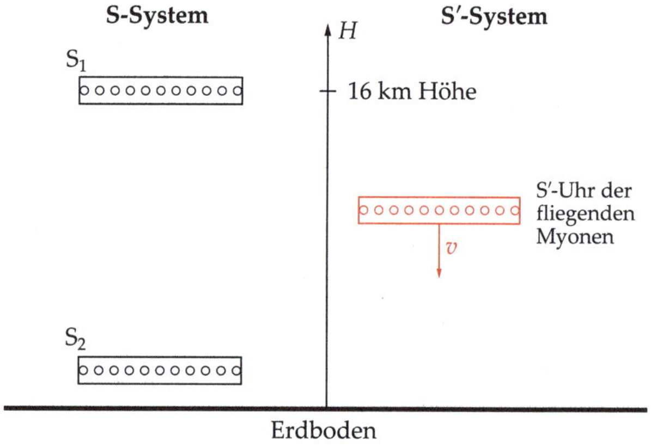

Schätzen Sie die Höhe ab, in der wir nur noch die Hälfte an Myonen finden. Prüfen Sie, ob die Zeitdilatation bestätigt wird.

b) Luise möchte den Zerfall der Myonen berechnen, ohne – wie in a) – deren Halbwertszeit 1,50 µs anzutasten. Sie geht dazu ins S'-System der Myonen. Dort rast der Erdboden mit der Relativgeschwindigkeit $v = 0{,}9995$ c von unten auf Luise zu. Berechnen Sie die Länge der Strecke, um die dieser ihr nähergerückt ist, wenn die Myonen zur Hälfte zerfallen sind; vergleichen Sie mit dem Ergebnis in a). Erläutern Sie, ob Luise damit die SRT widerlegt hat. Versuchen Sie, Einstein zu retten.

c) Einstein postulierte mit seinem Relativitätsprinzip, dass grundlegende Naturgesetze für alle Inertialsysteme gelten sollen. Nun ändert sich nach der SRT die Halbwertszeit $T_{1/2}$ beim Wechsel des Bezugssystems. Prüfen Sie, ob dies auch das als universell gültig angesehene Zerfallsgesetz $N(t) = N_0 \cdot e^{-\lambda t}$ mit $\lambda = \ln 2/T_{1/2}$ betrifft.

d) Man hört bisweilen, nach der Relativitätstheorie sei alles relativ. Nehmen Sie dazu Stellung. Erklären Sie, was „relativ" in der SRT bedeutet, was im täglichen Leben.

78 Kritische Zweifler widersprechen Einstein → S. 254

1931 erschien eine Broschüre *„Hundert Autoren gegen Einstein"*. Dieser sagte dazu:
„Hätte ich Unrecht, würde ein einziger Autor genügen, um mich zu widerlegen."
Einer der auch heute noch aktiven Kritiker sagt trotzdem:
„Nach der SRT sollten schnell bewegte Körper in Bewegungsrichtung kürzer werden, allein aufgrund ihrer Bewegung, ohne jede Krafteinwirkung. Das kann nicht sein; die SRT ist falsch."
Ein Beispiel soll diesen Einwand klären: Ein Stab mit Eigenlänge $L_0 = 2{,}0$ m fliegt mit der Geschwindigkeit $v_E = 0{,}60\ c$ in Längsrichtung auf Emil zu ($k_E = 0{,}80$). Emil berechnet nach der SRT die kontrahierte Länge $L_{Emil} = k_E \cdot L_0 = 1{,}6$ m, bestätigt sie mit seinem relativ zu ihm ruhenden Maßstab und teilt sein Ergebnis $L_{Emil} = 1{,}6$ m Jakob mit. Dieser bewegt sich so, dass derselbe Stab auf ihn schneller zufliegt, mit $v_J = 0{,}80\ c$ ($k_J = 0{,}60$). Dabei nimmt Jakob wie obiger Kritiker an, dass Emil beim Messen den Stab als solchen „tatsächlich" auf $L_{Emil} = 1{,}6$ m kontrahiert habe. Folglich berechnet er die für ihn kontrahierte Länge zu $L_{Jakob} = k_J \cdot L_{Emil} = 0{,}60 \cdot 1{,}6\ \text{m} = 0{,}96$ m.
Beurteilen Sie diese Rechnungen und stellen Sie diese falls nötig richtig.

79 Je schneller, umso träger, umso größer die Masse → S. 250

a) In E-Feldern können Elektronen mit konstanter Kraft F beschleunigt werden. Beschreiben Sie, was man nach Newton erwartet und vergleichen mit den Messergebnissen im nebenstehenden t-v-Diagramm. Deuten Sie das hier dargestellte Verhalten der Elektronen mit einem geeigneten physikalischen Begriff.

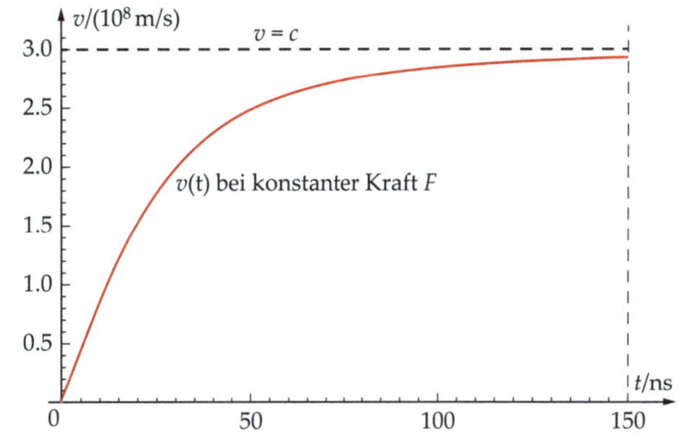

b) Die in a) beschriebene Zunahme der Masse aller Körper bei steigender Geschwindigkeit v wird beschrieben von der Formel

$$m(v) = \frac{m_0}{\sqrt{1 - (v/c)^2}} = \frac{m_0}{k}.$$

Die Herleitung zeigt, warum hier $k = t'/t = \sqrt{1 - (v/c)^2}$ auftritt. Diskutieren Sie diese Formel anhand des rechtsstehenden v-m-Diagramms, auch für geeignete Grenzfälle. Überprüfen Sie das Diagramm für $v = 0$; $0{,}1\,c$; $0{,}5\,c$; $0{,}866\,c$: $0{,}9\,c$; $0{,}95\,c$. Beurteilen Sie, ob Formel und Diagramm auch für Beobachter gelten, die sich mit dem Körper bewegen.

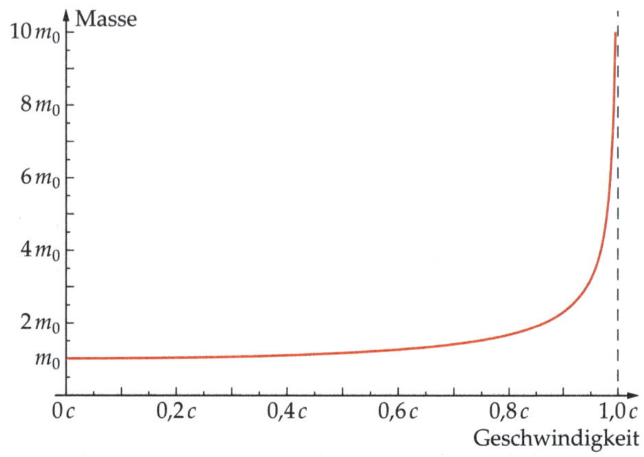

v/c	0	0,10	0,50	0,87	0,90	0,95
m/m_0						

c) Ermitteln Sie den Geschwindigkeitsbereich, in dem die Massenzunahme unter 2 % bleibt.

d) Ermitteln Sie die Geschwindigkeiten v, bei der die Massen von Elektronen, Protonen, Neutronen und α-Teilchen jeweils doppelt so groß sind wie die jeweiligen Ruhemassen m_0. Prüfen Sie, ob das Ergebnis für alle bekannten Teilchen gilt, auch für Photonen, die sich mit Lichtgeschwindigkeit bewegen.

80 Einsteins grundlegende Gleichung $W = m \cdot c^2$ → S. 252

Am 9. Juni 1939 führte der Physiker Siegfried Flügge am folgenden einfachen Rechenbeispiel einer breiten Öffentlichkeit, auch Politikern und Militärs, die Bedeutung von Einsteins Gleichung $W = m \cdot c^2$ vor Augen (meist liest man $E = m \cdot c^2$). Berechnen Sie, wie es Flügge tat, die Energie, welche frei würde, wenn bei einem radioaktiven Prozess die Masse der beteiligten Materie um 1 g abnähme und wie hoch man damit 1 m³ Wasser heben könnte. Zählen Sie Folgen auf, die Abschätzungen dieser Art ausgelöst haben (sie beruhten auf der schon 1905 aufgestellten Formel $W = m \cdot c^2$).

81 Bei großen Geschwindigkeiten gilt die Formel $W_{kin} = \frac{1}{2} m v^2$ für Bewegungsenergie nicht mehr → S. 252

a) Am 30. März 2010 gelang es, mit dem Large Hadron Collider (LHC) bei der Europäischen Organisation für Kernforschung (CERN) in Genf, Protonen ($m_0 = 1{,}673 \cdot 10^{-27}$ kg) bis zur Bewegungsenergie $W_{kin} = 3{,}500$ TeV $= 3{,}500 \cdot 10^{12}$ eV zu beschleunigen. Listen Sie zunächst die Formeln der SRT für die grundlegenden Energieformen auf und berechnen damit die Geschwindigkeit eines Protons. Suchen Sie nach einer Kontrollrechnung. (Wir rechnen hier genauer: $c = 2{,}998 \cdot 10^8$ m/s; $e = 1{,}602 \cdot 10^{-19}$ C.)

b) Sven berechnet die Bewegungsenergie vom Proton ($m_0 = 1{,}67 \cdot 10^{-27}$ kg; $v = 2{,}60 \cdot 10^8$ m/s) mit der NEWTON-Formel $W_{kin} = \frac{1}{2} m \cdot v^2$. Er sagt, es genüge, die Masse nach $m = m_0/\sqrt{1-\beta^2}$ relativistisch zu berechnen. Prüfen Sie seine Aussage und legen gegebenenfalls eine korrekte Berechnung von W_{kin} vor.

82 Teilchen können in elektrischen Feldern fast Lichtgeschwindigkeit erreichen → S. 252

a) Elektronen werden im homogenen E-Feld mit der konstanten Kraft $F = e \cdot E = e \cdot U/d$ beschleunigt. Zum Berechnen benutzten wir bisher die Formel $F = m \cdot a = m \cdot \Delta v/\Delta t$. Begründen Sie, warum diese in der SRT durch $F = \Delta p/\Delta t$ ersetzt wird. Prüfen Sie, ob $F = \Delta p/\Delta t$ auch in der NEWTON-Mechanik gilt.

b) Ein Proton ($m_0 = 1{,}67 \cdot 10^{-27}$ kg) soll aus der Ruhe die Bewegungsenergie $W_{kin} = 4{,}50 \cdot 10^{-10}$ J erhalten. Berechnen Sie die nötige Spannung, die erreichte Geschwindigkeit und den Impuls.

83 Computerberechnungen im relativistischen Bereich → S. 250, 469

Hinweis: Diese Aufgabe eignet sich für ein Referat.

a) Ein Elektron ($m_0 = 9{,}11 \cdot 10^{-31}$ kg) wird aus der Ruhe 150 ns lang mit $E = 50$ kV/m beschleunigt. Dabei legt es nach dem Programm in der „Vertiefung" auf Seite 251 den Weg $S = 35{,}9$ m zurück (abrufbar auf CD; führen Sie diese Simulation auch mit anderen E-Werten aus). Halten Sie ein Referat, in dem Sie den Verlauf von $v(t)$, $m(t)$, $p(t)$, $W_{\text{kin}}(t)$ und $a(t)$ im nebenstehenden Diagramm in Worten und auch mit Formeln erläutern. Berechnen Sie dabei die unten angegebenen Endwerte der entsprechenden Größen. Der Maßstab an der Hochachse gilt nur für $v(t)$; für die anderen Größen vergleiche man mit den Start- und Endwerten in der untenstehenden Tabelle für $t = 150$ ns.

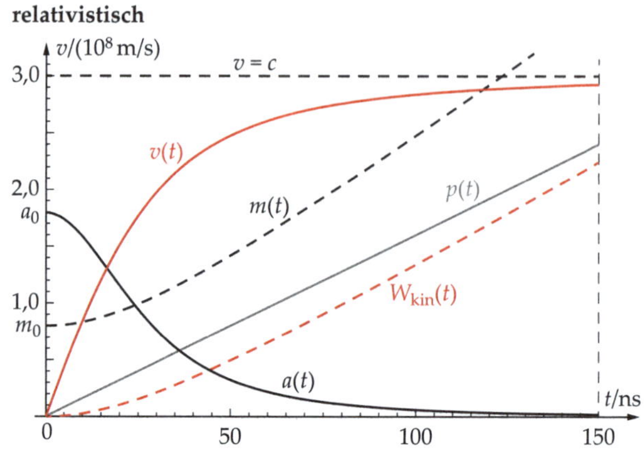

b) Der gleiche Vorgang wie in a) wird im nebenstehenden Bild durchgängig nach NEWTON *nicht*-relativistisch berechnet, was an sich nicht zulässig ist. Vergleichen Sie im Referat den Verlauf der Kurven $v(t)$ usw. mit dem Bild in a) und berechnen auch hier die Endwerte. Der Maßstab an der Hochachse gilt auch hier nur für $v(t)$; für die anderen Größen vergleiche man mit den Start- und Endwerten in der untenstehenden Tabelle für $t = 150$ ns.

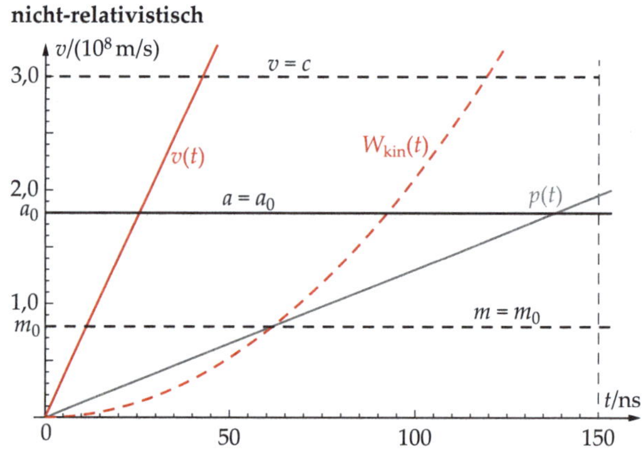

	Startwerte		Endwerte bei 150 ns (berechnet mit Simulation):				
	a_0	m_0	m	v	p	W_{kin}	a
relativistisch	$8{,}8 \cdot 10^{15}\,\frac{\text{m}}{\text{s}^2}$	$9{,}11 \cdot 10^{-31}$ kg	$4{,}5\,m_0$	$0{,}975\,c$	$1{,}2 \cdot 10^{-21}$ Ns	1,79 MeV	$9{,}6 \cdot 10^{13}\,\frac{\text{m}}{\text{s}^2} \approx \frac{a_0}{92}$
nicht-relativistisch	$8{,}8 \cdot 10^{15}\,\frac{\text{m}}{\text{s}^2}$	$9{,}11 \cdot 10^{-31}$ kg	m_0	$4{,}4\,c$	$1{,}2 \cdot 10^{-21}$ Ns	4,94 MeV	a_0

84 Stöße von Elementarteilchen kontrovers diskutiert → S. 253

a) John hat gelesen, dass nach $W = m \cdot c^2$ aus der Bewegungsenergie von Teilchen beim Stoß ein neues Teilchen entstehen kann. Er sagt, wenn ich ein genügend schnelles Proton p (Ruhemasse $m_0 = 1{,}67 \cdot 10^{-27}$ kg) auf ein zweites, ruhendes stoßen lasse, so kann ich drei Protonen bekommen, die in Ruhe sind. Um die benötigte Geschwindigkeit v_0 des stoßenden Protons zu bestimmen, setzt er die Gleichung $\frac{1}{2}\,m_0 \cdot v^2 = 1 \cdot m_0 \cdot c^2$ an. Beschreiben Sie diese mit Worten und dokumentieren Sie grundlegende Fehlschlüsse – wenn vorhanden.

b) Anna schlägt nach nebenstehendem Bild vor, zwei Protonen mit entgegengesetzten Geschwindigkeiten $\pm \vec{v}_0$ gegeneinander stoßen zu lassen, sodass diese zur Ruhe kommen, wobei zusätzlich ein Proton und ein Antiproton entstehen.
Um v_0 zu bestimmen, setzt sie an:
$2 \cdot (m_0/k) \cdot c^2 = 4\, m_0 \cdot c^2$.
Fassen Sie Annas Gleichung in Worte und berechnen v_0. Erläutern Sie, ob Anna eventuelle Fehlschlüsse von John in Teil a) vermieden hat. Suchen Sie einen zweiten Lösungsweg. (Ob ihr Vorschlag schon in die Realität umgesetzt wurde, sei dahingestellt.)

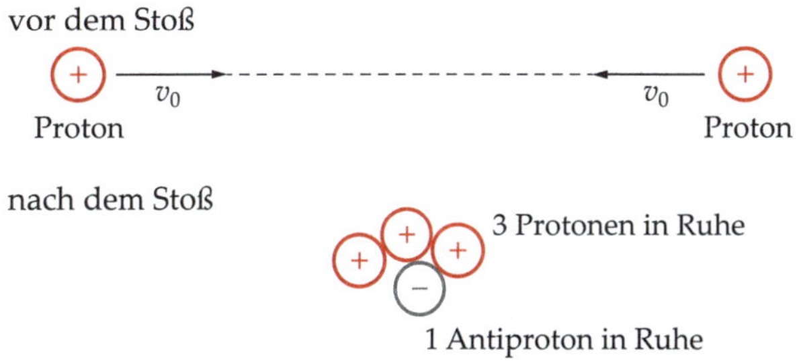

85 Auch Gleichzeitigkeit ist relativ → S. 256

Zwei Raketen fliegen relativ zueinander mit der Relativgeschwindigkeit $v = \beta\, c = 0{,}80\, c$. Jede Rakete hat die Eigenlänge 12 m. Das Bild ist für unser S-System gezeichnet: Die S-Rakete ruht, die obere S′-Rakete ist für uns in Bewegungsrichtung mit dem Faktor $k = 0{,}6$ kontrahiert (vgl. Aufgabe 76 b)). In der S′-Rakete des S′-Systems sind zwei Lichtuhren S_1' und S_2' eingebaut, baugleich mit denen in der S-Rakete des Systems S.
Nach dem Relativitätsprinzip darf man keines der beiden Systeme S und S′ bei der Uhrensynchronisation bevorzugen. Deshalb werden die beiden S′-Uhren S_1' und S_2' von denselben beiden Synchronisationsblitzen gestartet wie unsere S-Uhren; diese Blitze gingen von M aus, als sich dort die beiden Raketenmitten trafen. Im Bild erreicht ein Synchronisationsblitz gerade die Uhr S_2' im S′-System. In diesem Moment zeigen die beiden synchronisierten Uhren im S-System jeweils $t = 40$ ns an, die S_1'-Uhr $t' = 32$ ns und die S_2'-Uhr $t' = 0$ ns an.

a) Betrachten Sie die zugehörige Simulation auf der CD und erläutern Sie zunächst, wie sich unsere beiden S-Uhren verhalten. Erklären Sie dann, warum die S′-Uhren für uns im S-System nicht synchron ticken, welche der beiden S′-Uhren der anderen zeitlich vorausläuft und wie der S′-Beobachter den Lauf seiner Uhren beschreibt, ob er mit diesem Synchronisationsverfahren zufrieden sein kann.

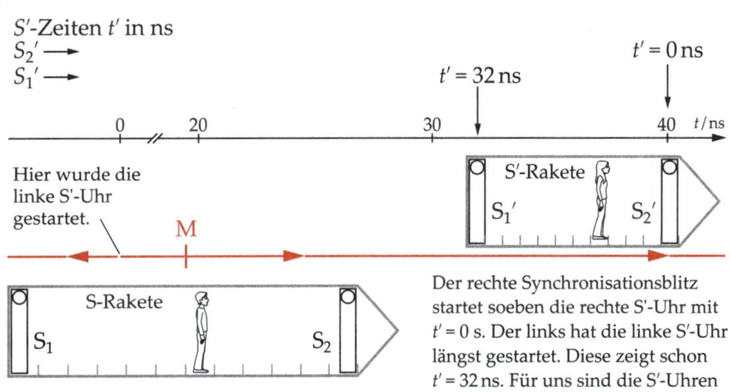

Die beiden Synchronisationsblitze haben unsere S-Uhren zugleich gestartet. Beide zeigen t = 40 ns. Sie sind für uns synchron.

b) Für die von uns (S) an den S′-Uhren ablesbare Differenz $\Delta t'$ der S′-Zeiten wird auf der CD die Formel $\Delta t' = L'\, v/c^2$ hergeleitet; dabei ist $L' = 12$ m der in Bewegungsrichtung gemessene Eigenabstand der Uhren im S′-System, $v = 0{,}80\, c$ die Relativgeschwindigkeit zwischen S′ und S. Prüfen Sie diese Formel am obigen Bild nach. Geben Sie an, warum wir diese Formel in der SRT bisher nicht gebraucht haben. Berechnen Sie $\Delta t'$ auch zwischen Anfang und Ende eines 200 m langen Zugs, der mit $v = 200$ km/h fährt. Beschreiben Sie die sich hier zeigende Relativität der Gleichzeitigkeit mit Worten unter Vergleich mit der Formel.

86 Einsteins Additionstheorem löst dessen Jugendfrage aus Aufgabe 69 → S. 258

a) Die S′-Rakete im Bild mit dem S′-Uhrenabstand $L' = 12$ m fliegt mit $v = 0{,}8\, c$ relativ zu uns (S) nach rechts. Im Innern fliegt eine Kugel K von der linken S′-Uhr S_1' zur rechten S_2' mit der Geschwindigkeit $u' = 0{,}9\, c$ relativ zu S′. Betrachten Sie die zugehörige Simulation auf der CD und berechnen die S′-Zeit t', welche die Kugel dazu braucht, gemessen von diesen beiden im S′-System synchronisierten Uhren. Geben Sie die Geschwindigkeit u_{Newton} an, die diese Kugel für uns S-Beobachter nach der Newton-Mechanik haben sollte.

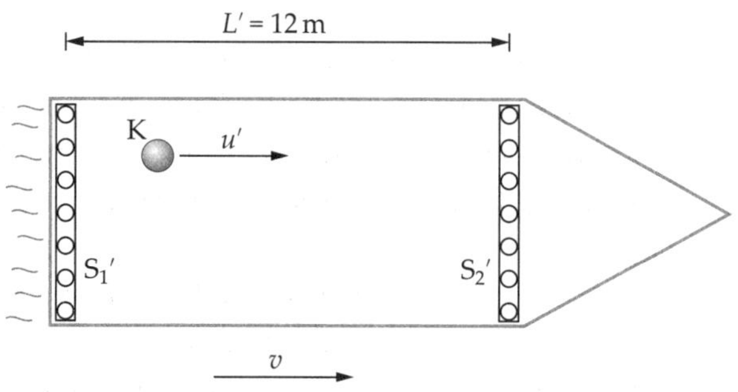

b) Einstein verhinderte Überlichtgeschwindigkeit mit seinem **Additionstheorem** $u = (v + u')/(1 + v \cdot u'/c^2)$. Zeigen Sie dies an $v = 0{,}8\, c$ und $u' = 0{,}9\, c$ und beachten dabei das jeweils gültige Bezugssystem und die Einheiten. Betrachten Sie die zugehörige Simulation auf der CD.

c) In einer mit $v = 0{,}6\, c$ relativ zu S fliegenden S′-Rakete fliegt ein Körper mit $u' = \pm 0{,}8\, c$ bzw. ein Lichtblitz nach rechts bzw. nach links. Berechnen Sie die Geschwindigkeiten u beider relativ zu S. Vergleichen Sie mit der Lichtgeschwindigkeit c. Klären Sie damit Einsteins Jugendfrage (Aufgabe 69).

87 **Der Ring schließt sich: Wie lange brauchen die Radiosignale aus Aufgabe 70 c) nach der SRT?**

Hinweis: Umfassendes Abschlussreferat

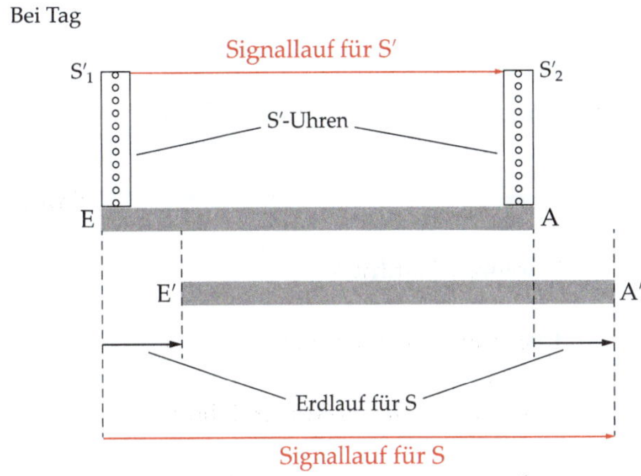

Einleitung: In Aufgabe 70 haben wir Radiosignale betrachtet, die mit der invarianten Geschwindigkeit $c = 1/\sqrt{\varepsilon_0\,\mu_0}$ von Europa E nach Amerika A relativ zur Erde die S'-Strecke der Länge $L' = \overline{EA}$ zurücklegen. Wir fanden an nebenstehender Skizze: Bei Tag braucht ein Signal für uns Irdische im S'-System „Erde" die S'-Zeit $t' = L'/c$, für Außerirdische im S-System „Sonne" aber die längere S-Zeit $t = L'/(c - v_E) > t'$. Wir folgerten im Sinne EINSTEINS, dass Zeit relativ ist, vom Bezugssystem des Beobachters abhängt. Nun lesen wir, wie auch die Außerirdischen, die Laufzeit an den gleichen Uhren ab, an S_1' am Startort E und S_2' am Zielort A. Wir versuchen nun mit unseren Kenntnissen der SRT zu verstehen, warum sie trotzdem zu verschiedenen Laufzeiten kommen. EINSTEIN sagte: „Zeit ist das, was Uhren messen."

a) Wir Erdenbewohner (S') messen die S'-Laufzeit $t' = L'/c$ täglich mit hoher Präzision. Sie ist nach der SRT korrekt, da unsere S'-Uhren S_1' und S_2' bei E und A für uns synchron ticken. Für die Außerirdischen (S) sind diese Uhren aber nicht synchron (Gleichzeitigkeit ist relativ). Denn nach Aufgabe 85 wurde die linke Uhr S_1' am Startort E des Radiosignals mit $t'_1 = 0$ ns gestartet, die rechte S_2' aber am Zielort A um die Differenz $\Delta t' = L' v_E/c^2$ später mit $t'_2 = 0$ ns. Dies erinnert an einen Zielrichter beim 100-m-Lauf, der seine Stoppuhr nach dem Knall des Startsignals am Startplatz startet, also um $\Delta t \approx \frac{1}{3}$ s zu spät. Übertragen Sie das auf unser Problem.

b) Die Außerirdischen (S) müssen zudem die Zeitdilatation beachten. Sie müssen die an den S'-Uhren abgelesene S'-Zeit in ihr S-System umrechnen. Begründen Sie, warum man diese Rechnung nur an der S'-Zeit $t_1' = L'/c + L' \cdot v_E/c^2$, die allein an S_1' abgelesen wird, ausführen darf. Die Zeitdifferenz $t_2' = L'/k$, die an den Uhren S_1' und S_2' abgelesen wird, darf nicht verwendet werden. Führen Sie die korrekte Umrechnung auf die S-Zeit der Außerirdischen durch.

c) Damit haben wir die S'-Laufzeit $t' = L'/c$ korrekt in die S-Laufzeit $t = t'_1/k = (L'/c + L' \cdot v_E/c^2)/k$ überführt, unter Beachtung der Relativität der Gleichzeitigkeit ($L' \cdot v_E/c^2$) und der Zeitdilatation (Nenner k). Vergleichen wir nun mit der in Aufgabe 70 a) vor Kenntnis der SRT ermittelten S-Laufzeit $t = L'/(c - v_E)$. Leider beachteten wir dabei noch nicht, dass S für die S'-Strecke nicht L' misst, sondern den kontrahierten Wert $k \cdot L'$. Mit $k \cdot L'$ statt L' erhalten wir nachträglich die korrekte S-Laufzeit $t_{korr} = k \cdot L'/(c - v_E)$. Dies ist aber nicht $t = (L'/c + L' \cdot v_E/c^2)/k$ wie in b) ermittelt. Haben wir etwas falsch gemacht oder lässt sich $t_{korr} = k \cdot L'/(c - v_E)$ in $t = (L'/c + L' \cdot v_E/c^2)/k$ überführen – rein mathematisch, ohne physikalische Zugaben? Prüfen Sie dies und beurteilen Sie das Ergebnis, auch die Frage, welches wohl die „wahre" Zeit ist.

88 **Mindmap Relativitätstheorie** ➔ S. 241–264

Stellen Sie das Thema „Spezielle Relativitätstheorie" strukturiert in einer Mindmap in Ihrem Heft dar.

89 Druck lässt sich messen → S. 473

a) Geben Sie an und erläutern Sie, wie der Begriff Druck definiert ist. Geben Sie die Einheit des Drucks an.

b) Ergänzen Sie die folgende Tabelle:

	Druck p / Pa	Druck p / hPa	Druck p / mbar	Druck p / bar
Normwert Luftdruck		1013,25		
Überdruck im Autoreifen				ca. 2,0
Gasdruck im Geiger-Müller-Zählrohr			ca. 10^2	
Luftdruck in einer Röntgenröhre		ca. 10^{-4}		

90 Bestimmung der Dichte von Stickstoff → S. 330, 334, 335

Stickstoff bei Zimmertemperatur kann in guter Näherung als ideales Gas betrachtet werden.

a) Geben Sie mithilfe der thermischen Zustandsgleichung an, wie die Dichte ρ von Stickstoffgas qualitativ von der Temperatur T, vom Druck p und vom Volumen V abhängt, wenn jeweils zwei Größen konstant sind.

konstante und variable Größen	T, p konstant, V wächst	T, V konstant, p wächst	p, V konstant, T wächst
Änderung der Dichte ϱ			

b) Die Dichte ρ von Stickstoff soll ausgehend von der thermischen Zustandsgleichung nur mithilfe des Drucks p und der Temperatur T berechnet werden. Leiten Sie eine Formel her.

c) Berechnen Sie die Dichte von Stickstoff bei Normalbedingungen (molare Masse von Stickstoff 28 g/mol).

91 Der erste Hauptsatz und der isobare Prozess → S. 322, 334, 340

Die Temperatur von Luft, die in einem Kolbenprober mit abgeschlossenem Hahn eingeschlossen ist, werde von ϑ_1 auf ϑ_2 erhöht. Dabei expandiert die Luft isobar vom Volumen V_1 bis zum Volumen V_2.

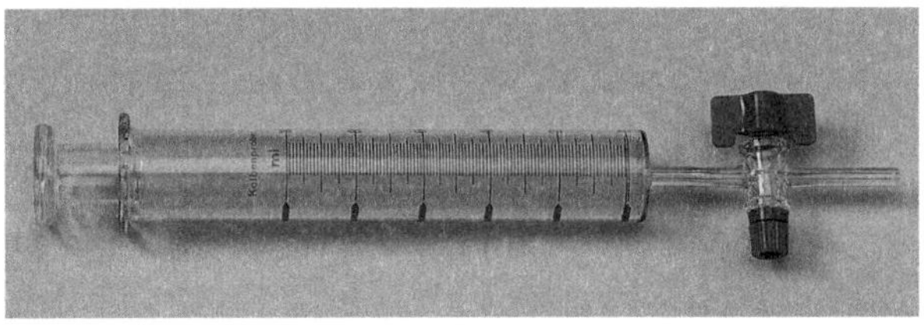

a) Erläutern Sie den entsprechenden Prozess. Skizzieren Sie das zugehörige *V*-*p*-Diagramm und begründen Sie es.

b) Bei diesem Prozess wird Energie von der Umgebung auf das Gas bzw. umgekehrt vom Gas auf die Umgebung übertragen. Erläutern Sie dies, auch anhand der Skizze.

c) Bei Zimmertemperatur ($\vartheta_1 = 20$ °C) enthalte der Kolbenprober 50 cm^3 Luft. Die Temperatur werde nun auf $\vartheta_2 = 80$ °C erhöht. Berechnen Sie die von der Luft im Kolbenprober thermisch aufgenommene Energie *Q* und die Arbeit *W*, die bei diesem Prozess mechanisch an die Umgebung abgegeben wird. (Luftdruck $p = 1013$ hPa; spezifische Wärmekapazität bei konstantem Druck p: $c_p = 1{,}005$ J/(g K))

d) Erläutern Sie die Aussage des ersten Hauptsatz der Thermodynamik anhand dieses Prozesses.

92 Steigt die Mülltüte? → S. 332

Das archimedische Prinzip gilt nicht nur bei Flüssigkeiten, sondern auch bei Körpern in der Atmosphäre. Es besagt hier, dass die Auftriebskraft, die ein Körper erfährt, also sein „Gewichtsverlust" in Luft, betragsmäßig gleich ist der Gewichtskraft der verdrängten Luft.

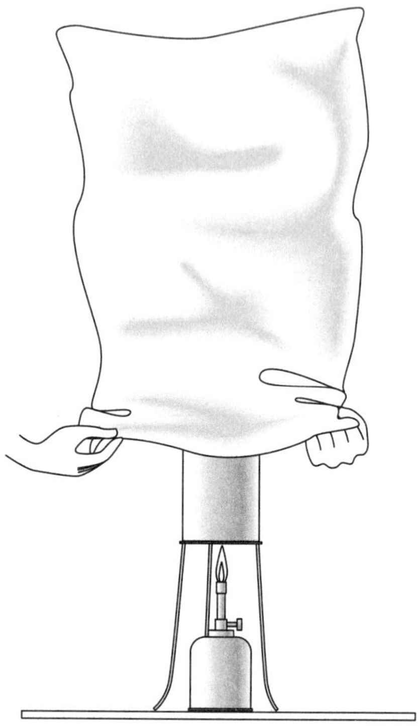

Eine Mülltüte aus Plastik besitze eine Masse von 20 g und ein Volumen von $V_{\text{Tüte}} = 40\ \ell$. Untersuchen Sie, unter welchen Bedingungen die Mülltüte zu schweben beginnt. ($\rho_{\text{Luft}} \approx 1{,}2\ \text{g}/\ell$ bei 20 °C)

93 Kaffee beim Abkühlen beobachten → S. 332

Eine Tasse Kaffee kühlt sich von der Anfangstemperatur ϑ_1 bis zur Temperatur der Umgebung ϑ_2 ab gemäß

$\vartheta(t) = \vartheta_2 + (\vartheta_1 - \vartheta_2) \cdot e^{-b \cdot t}$.

Hier ist b eine Konstante.

a) Benennen Sie den zugrundeliegenden thermodynamischen Prozess.

b) Beschreiben Sie, welchen Einfluss die Größe von b auf den Abkühlvorgang hat. Erörtern Sie, welche Größen die Konstante b beeinflussen.

c) Die Temperatur ϑ des Kaffees wird in Abhängigkeit von der Zeit t gemessen. In der folgenden Tabelle sind die Ergebnisse dargestellt.

t / min	0	1	2	3	4	5	6	7	8
ϑ / °C	94	82	73	65	58	53	48	44	40

Stellen Sie die Daten in einem geeigneten Diagramm dar. Prüfen Sie, ob der Kaffee sich gemäß dem obigen Gesetz abkühlt und bestimmen Sie gegebenenfalls die Konstante b.

d) Die Temperatur der Umgebung ist $\vartheta_2 = 20$ °C. Ermitteln Sie die Zeit t, nach der sich die Flüssigkeit auf 25 °C abgekühlt hat.

94 … und wo ist der Meteorit? → S. 258

Vor ungefähr 50 000 Jahren schlug in Arizona ein Meteorit auf der Erdoberfläche ein. Er bestand vereinfachend angenommen aus Eisen mit einer Masse von ca. 300 000 t und schlug mit einer Geschwindigkeit von ca. 30 km/s ein. Der nach dem Ingenieur Barringer benannte Krater enthält allerdings fast kein Eisen des eingeschlagenen Meteoriten. Um diesen Widerspruch aufzuklären, untersucht man in einer ersten groben Abschätzung, ob die Energie des Meteoriten ausreichen konnte, das Eisen zu verdampfen. Dabei lässt man schwer zu berechnende Einflussgrößen wie z. B. die Energie, die erforderlich ist, um den Krater zu formen, außer Betracht.

Prüfen Sie, ob das Eisen beim Aufprall verdampfen konnte. Geben Sie an, welche vereinfachenden Annahmen Sie bei Ihren Rechnungen vorgenommen haben. (Eisen verdampft bei etwa $T_m = 3008$ K und besitzt in festem und flüssigem Zustand eine spez. Wärmekapazität von $c \approx 0{,}5$ kJ/(kg K), die spez. Schmelzwärme von Eisen ist $s_{Schm} = 246$ kJ/kg, die spez. Verdampfungswärme $s_{Dampf} = 6{,}32 \cdot 10^3$ kJ/kg.)

95 Der Stirlingmotor → S. 350, 351

Das Diagramm zeigt das V-p-Diagramm eines idealen Stirlingmotors.

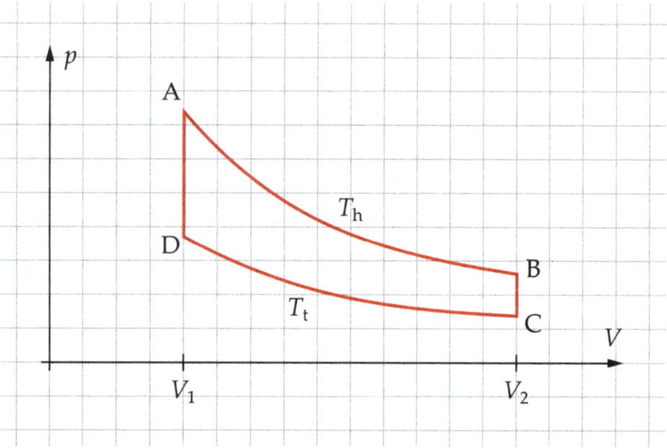

a) Beschreiben Sie, wie sich bei den einzelnen Arbeitstakten Temperatur, Volumen und Druck der eingeschlossenen Luft ändern; benennen Sie die Prozesse bei den einzelnen Takten.

	Temperatur	Volumen	Druck	Prozess
A → B				
B → C				
C → D				
D → A				

b) Bestimmen Sie anhand des V-p-Diagramms den Wirkungsgrad η dieses idealen Stirlingmotors.

c) Ein anderer idealer Stirlingmotor mit gleichen Volumen V_1 und V_2 besitze einen kleineren Wirkungsgrad. Zeichnen Sie qualitativ entsprechende Änderungen im V-p-Diagramm ein und begründen Sie diese.

96 Alles ist irreversibel? ➔ S. 342, 343

a) Erläutern Sie die Irreversibilität des dargestellten Vorgangs.

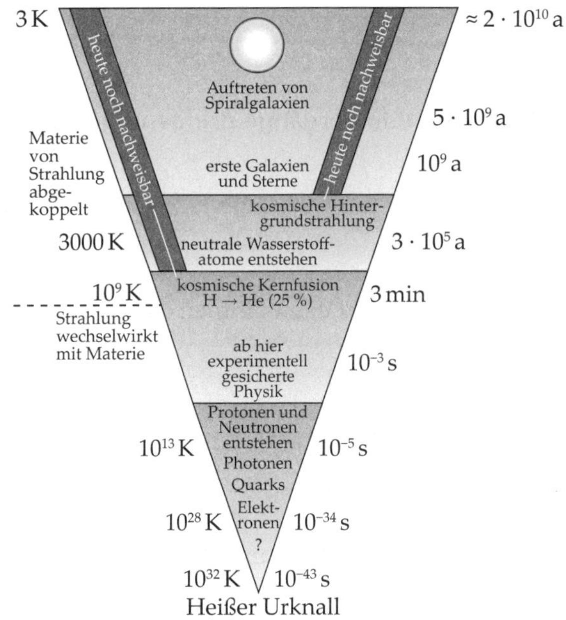

b) Nennen Sie zehn weitere Beispiele für irreversible Prozesse in der Natur.

97 Was ist Entropie? ➔ S. 342–344

a) Die Karikatur aus den 60ern des vergangenen Jahrhunderts zeigt zwei Partylöwen der damaligen Zeit bei einer Cocktailparty im Gespräch mit der interessiert blickenden Mrs. Wendell.
Erläutern Sie anstelle der physikalisch unqualifizierten Äußerungen dieser beiden Herren einer wissbegierigen Person, was Sie unter Entropie verstehen.

"In my opinion, Mrs. Wendell—and I believe Dr. Steinmuth will occur—if you can live with entropy you can live with anything." (New Yorker Magazine, New York, USA)

b) Recherchieren Sie in Ihre Freundes- und Bekanntenkreis, welche Vorstellungen von dem Begriff „Entropie“ vorhanden sind und stellen Sie diese geordnet dar.

98 Reversible Vorgänge dringend gesucht → S. 344–347, 350, 351

Gegeben ist ein mol Luft unter Normbedingungen. Die Luft kann als ideales zweiatomiges Gas betrachtet werden.

a) Berechnen Sie das Volumen der Luft.

b) Das Volumen der Luft soll reversibel verdoppelt werden. Geben Sie geeignete Prozesse an und berechnen Sie die jeweilige Änderung der Entropie sowie den Druck des Gases nach der Expansion.

c) Nennen und erläutern Sie jeweils eine technische Realisierung der angeführten Prozesse sowie ihrer Umkehrprozesse.